当我们谈起红酒，我们在说些什么？

Tout savoir sur le vin

（法）桑德琳娜·葛爱文　著

佟惠　佟爽　译

U0385764

辽宁科学技术出版社
·沈阳·

图书在版编目（CIP）数据

当我们谈起红酒,我们在说些什么？/（法）桑德琳娜·葛爱文著；佟惠，佟爽译.—沈阳：辽宁科学技术出版社，2018.9

ISBN 978-7-5591-0493-9

Ⅰ.①当… Ⅱ.①桑… ②佟… ③佟… Ⅲ.①葡萄酒—基本知识 Ⅳ.①TS262.6

中国版本图书馆CIP数据核字（2017）第273511号

出版发行：辽宁科学技术出版社
（地址：沈阳市和平区十一纬路25号 邮编：110003）
印 刷 者：辽宁新华印务有限公司
幅面尺寸：175 mm×215 mm
印 张：5⅓
字 数：280千字
出版时间：2018年9月第1版
印刷时间：2018年9月第1次印刷
责任编辑：郭 莹
封面设计：魔杰设计
责任校对：王玉宝

书 号：ISBN 978-7-5591-0493-9
定 价：39.80元

联系电话：024-23280258 投稿QQ：765467383 邮购电话：024-23284502

当我们谈起红酒，我们在说些什么？

Tout savoir sur le vin

序言

> "我一直认为最没正经的人，也是最一本正经的人。"
>
> ——大卫•法赫日（David Farge）

灵光一现……

这是能让人倍感愉悦的源泉，它丰富而又多姿，想要宠爱并亲近它，是令人欣喜的，那么有谁又能比得上这位来自我们近邻比利时的，桑德琳娜•葛爱文 (Sandrine Goeyvert)，用她那精彩又平实的语句，带着我们去了解葡萄酒呢？

她，专柜品酒师，侍酒师，我的博客[1]同行，是业内非对外公开的写作圈子里热爱隐晦文字游戏的一员，余暇时她还是一位极有才华的幽默大师，不过，这样的她，首先是我的一个不需要更多理由就想跟她举杯畅饮的朋友。从不吝啬给出各种建议，在她的博客里，如同亲临至她的酒窖，永远对想了解葡萄酒的人热情地敞开大门。在精美的酒瓶与诚恳的待人之间，你会发现她既是一位才情满腹的诗人，又是一位风趣逗人的段子手。不时妙语连珠的她能把一块儿酵母的发酵过程演绎成堪比YouTube（目前世界上最大的视频网站）上播出的一段段令人欲罢不能的撸猫视频……所以呢，我一点儿也不意外她能把她的那些葡萄酒的事儿写成这本书……

是时候好好抖搂抖搂记忆的灰尘，心平气和地还原一下，从如何挑选一杯白葡萄酒或是红葡萄酒开始，这些最应该知道的基本内容。跟老早以前那些人们对葡萄酒的概念相比，这本书里的谈酒，可真够是摇滚乐般的颠覆，使劲地给传统祛了个皱。

我相信，你们一定会跟着作者活力四射的笔尖一起开始了解葡萄酒。请好好把你们的酒杯潜入到每一页里，且轻且惜地品尝这不可多得的匠心之果…… 当然，更重要的是，趁机好好享受，因为葡萄酒永远不会让你失去惊喜！干杯！

大卫•法赫日（David Farge）

---

[1]对葡萄酒的热情很容易被转化成对文学的热忱，本篇作者的博客：Le Blog d'Abistodenas*
（博客地址：http://abistodenas.blogspot.fr/）

前言

"人生就像一盒巧克力，你永远也不知道
下一块是什么味道的。"

—— 阿甘

追寻享受的过程……

如果葡萄酒也一样呢？估计阿甘只会吃那种让我很反感的酒心巧克力，
而且不止一粒……但是葡萄酒跟别的东西不一样，假如认定只能有一种方式
来解读它，那可真是太可悲了。年轻人，如果你还没有体验过一瓶真正的葡
萄酒，也别急，我的意思不是说就不让你们继续喝从大超市里买来的威士忌
兑可乐了，而是对待葡萄酒，跟对待其他事物一样，总得从那么一刻开始，
该好好地把它说明白、弄清楚了……

话说大家从幼儿园起，图画课就有给葡萄涂颜色的内容了，倒是还没见
过有让小朋友去画一杯莫吉托（mojito）鸡尾酒的，这似乎也并非是一种偶然
吧。在法国，人们随便走到哪儿，都能见到一片片的葡萄园并且被其吸引。
所以葡萄酒，也像是法国鹅肝酱、卡苏莱（cassoulet），或是火红胡子——
弗朗西斯•凯布洛（Francis Cabrel）情歌王一样，都是法国人的非物质文化
遗产。

尤其，在我的家乡法国西南地区是"无酒不成席"的，当对料理美食的
追求也是对饮用好酒的追求时，这必定将是一场完美的筵席。在这种环境下
长大，又怎能让人不沉醉于其中？

可是，一旦发现自己每次跟亲朋团聚，餐桌上摆放的瓶子里装的不过是
些无名无味、饮之悻然，且都是那些只看中利润、产量永远大于质量的从大
型超市买来的酒时，喝酒，不再是助兴，而是添堵了。

这倒不是说我有多瞧不上那种充满了人工制造的空气喷雾剂气味的大超
市，比起在一堆堆手纸、厕纸间挑中一瓶三大欧元的波尔多葡萄酒，我还是
觉得去我家旁边的葡萄酒专卖小店要神气、畅快多了。在那里能随时喝上一
小盅，店里永远都有一位主动热情的品酒师来接待自己。

反正，要我推着购物车茫然地走在刺眼的白色日光灯下，随手碰到的一瓶葡萄酒，是无法让我高兴得拿出开酒器的，这种开心程度本应会好似饭后打的一局牌。很明显，原因出在别的地方。有故事，有遇见，还有葡萄酒，很显然，这些都是自然而然连在一起的，也有数言片语，还有更多其他东西，这些加在一起，把葡萄酒变成了人生路上不可多得的一种陪伴。如同音乐和书籍能带来的感受一样，葡萄酒也有这种能够传递情感、讲述故事，给你带来无限可能的作用。而这一切，仅仅需要你动动鼻子。

　　当然你们也可以跟我说，葡萄酒的世界，明明就是那么隐秘的圈子，只有极少数权贵阶层才能真正体验到什么是葡萄酒，明明就是钱包得鼓到像只带滑轮的旅行箱那么大时才能触及的东西……可是，别忘了，绝大多数酒农仅仅是因为葡萄酒能给品尝它的人带来快乐才做酒的。这种享受，没有任何理由跟你留在收银机前钞票的颜色扯上关系。葡萄酒，首先是分享，为的是那些跟我们喝酒的人，那些我们喝酒时说的话，既是痛快时的酣畅淋漓，也是忧愁时的衷肠倾诉发泄。葡萄酒能够带给我们的每个瞬间，如同餐桌上的美味佳肴，是世间悲恨喜乐的最好表达。

　　无论是三五好友一起烧烤时配上的带点酸意的桃红葡萄酒，还是能为周日家人聚餐带来温馨的红葡萄酒，要不就在泳池派对时来一点天然气泡酒，用西班牙陈年老酒来陶醉在奥斯卡•彼得森（Oscar Peterson）的经典爵士钢琴旋律中，再不然就打开那瓶一直没舍得喝的酒吧，享受它的好，才是葡萄酒最终的存在意义。

先说说为什么我"弃酒从文"吧（暂时地）

　　我并非来自于一个"酒香之家"：在我家，只有极少数的情况下才会喝葡萄酒，而且还不是什么特别值得一提的葡萄酒。不过是葡萄牙的桃红汽酒、德国的白葡萄酒，顶多就是在重大节日里，开瓶麝香葡萄酒，所以说我可不是从小就泡在名酒庄里长大的。但是，厨房跟我有着不解之缘……我是典型的吃货，当然我也亲自下厨。我曾经试着开始学习酒店服务专业：可问题是，比起在厨房里当下手，我更是厨房里最会搞笑的那一个，所以有位挺客气的老师，把我"请"出厨房，去了餐厅。餐厅意味着什么呢，都是些西装革履压抑又无聊的男人，藏在各自的盘子后面，他们所需要的不过是个高音喇叭报菜单。有一次，实在是得找点什么话题活跃一下气氛，非常凑巧的是，天上掉下来了一瓶葡萄酒……然后，我接住了它，就这样，再也没有放开过它。我成了侍酒师，就因为我太会聊了。我的职业一点儿一点儿地有所变化，我不再待在餐厅中而是到了酒窖里，接着我就开始写作了。

　　我只有一个愿望：简简单单地聊聊葡萄酒，让它可以被大众接触到。证明我们可以用一点幽默和调侃，进入葡萄酒的世界，识别各种命名叫法，见识各地酒庄酒农和葡萄酒爱好者，即便开始什么都不懂，即便我们不是一开始对葡萄酒就特别熟悉。我的博客就有这个功能，la Pinardothèque，红酒柜，属于我的游戏世界（文字游戏），至今已经开了快四年了。现在这本书就是我的博客的自然延伸。在这里，你们不会找到一份长长的名单列表要背，更多的是回答大家经常提到的问题：如果都弄明白了，自然会对品酒感兴趣。如果曾经有人对我说，我这个物理化学科目的白痴，会为了弄明白从葡萄架上的葡萄到酒窖里的葡萄都发生了什么变化，而去重新学习那些物理、化学知识，说真的，我才不会信呢。可话又说回来……

　　书中的内容，大家既可以从头到尾按顺序来读，也可以任意挑选其中某一章节单独阅读。我希望它可以帮助你们掌握一些实用的基本常识。

　　不要被葡萄酒难倒，这是我尽最大努力想对你们说的话，至于究竟怎么醒酒，书里都有……看看吧！

桑德琳娜•葛爱文（SANDRINE GOEYVAERTS）

目录

二　如何挑选葡萄酒

当我们谈起红酒，
我们在谈些什么?

结论：举杯畅饮

Cabernet Sauvignon GOÛTER Le Ba

BOUTEILLE l'végétale PICOLER

Le Crachoir Les AOP OENOLOGIE !

MIAM Grands HERMITAGE boucha

Languedoc Châteaux Millésime F

FESTIF Du Rosé ! TONNEAU Moelleu

BIENVIEILLIR Carafe BLANC du dépôt

des bulles La Robe Muscats

Barrique raisin BORDEAUX

BRUT La Récolte Crémant ROUGE SUR BLANC

DU PARFUM Décanter verre ou crist

DU PAIN DU VIN SOMMELIER VIN DE FRAN

DES COPAINS Languedoc Jamais DLE PLAIS en com to au REPA

如何谈论
葡萄酒

葡萄酒，
究竟是什么？

14

根据法律规定：只有是直接采用葡萄鲜果或将其碾压后提炼出的葡萄汁，进行完全或未完全酒精发酵后酿造出的液体才可以被称为葡萄酒。——当然机智如我们，还是可以列出很多例外，比如比利时水果葡萄酒……

葡萄酒，就是葡萄！

在欧洲，大部分情况下，我们就是把葡萄酒定义为葡萄：葡萄酒=葡萄。在这个问题上的认识当然要除了那些比利时人。这也不怪他们，比如有史以来在比利时南部的高莫（Gaume）地区，本来就是种植苹果和梨要比种葡萄容易多了，所以那里一直都是用除了葡萄以外的水果来酿酒，也不是什么不好理解的事情，像是楂桲酒、大黄酒。除此之外，其他国家像是毛里求斯，那里也产有当地特色水果酒：荔枝酒、菠萝酒。

葡萄酒是一种健康饮品

就因为这个，它才那么受人关注吧。当然，这里的"健康"二字也跟今天那种要把谷蛋白、卡路里、添加剂全部消灭的同时，却又在大量地推崇各种五花八门的神力补品不太一样。要知道，从中世纪时起，一直到现代工业革命开始，人们所寻求的不过是一些无毒性食材罢了。即便是水，也不是一开始就是可以直接饮用的，从前并没有足够的条件能保障水的安全性，才会出现桶装水、瓶装水等。所以，150年前的葡萄酒，甚至更早到300年前的葡萄酒，跟今天的葡萄酒是完全不一样的：它的浓度更低，酸度更强……好在人们对葡萄酒的需求一直没有变，也正是由于这种需求使得酒庄、修道院这些酿酒制酒的地方可以持续发展起来。

葡萄酒，一定不能过度消费它

因为无论它怎么好喝，让人舒服，可它毕竟是

一种含有酒精成分的饮品。在享受葡萄酒带来的欢悦的同时万万不可以忘记一个度。因为没有任何人可以说自己对酒精100%免疫，一定不会变成为酗酒者，而酗酒是严重危害身体健康的，并且会导致死亡，所以一定要知道自己的极限。当然，也没必要把葡萄酒当成什么洪水猛兽，一旦我们了解了葡萄酒究竟是从哪里来的，都是些怎样的人在酿酒的话，就能够正确地对待葡萄酒。我的工作让我最开心的就是看到一些我平时的客人的孩子，这些二十四五岁的年轻人，刚刚离开父母，为了庆祝自己开始独立租房的生活，来我这里为自己和朋友们挑上一瓶好酒。因为这是一种生活的艺术，也是一种传承。对，没错，这些"叛逆青年"也都是很有教养，很有礼貌，懂得好好说话并且适当小饮的人，真的完全不是那些每个周末都非得喝得酩酊大醉的小混蛋们。

法国艾文法（la loi EVIN）

这条法规是建立在保护年轻人的健康的基础上的，禁止过度酒类市场营销。它包括对广告宣传的限制，也包括对葡萄酒推广的限制。
它的具体内容有：
• 禁止在少儿读物、电视、电影等多媒体上刊登酒类广告。
• 禁止向未成年人出售酒类物品及酒类宣传品。
• 禁止在运动健身场所贩售含有酒精成分的饮品。
• 所有含有酒精成分的饮品广告宣传海报，必须注明酒精危害身体健康的字样。

À CONSOMMER AVEC MODÉRATION

如果不能沟通，何谈教育

　　允许谈论，并且自由地谈论葡萄酒是一件很重要的事情。要把话语权交给每个跟葡萄酒相关的人，要把话语权交给全体跟葡萄酒打交道的人。不是说只要在每个大街小巷里都贴满了禁酒宣传单就能让大家远离嗜酒成瘾，我也年轻过，对于那些十五六岁的孩子来说，他们所追捧的往往并不是事物本身，而是越禁止，越非法才会吸引他们。所以要教会他们如何认知好的事物，培养他们欣赏好的事物。偶尔用一两杯葡萄酒来庆祝和纪念一些特殊的日子，这跟经常用廉价的伏特加把自己灌醉是完全不同的两个概念。

与君共饮！

　　它既可以让人畅快倾诉，也能让人挥笔豪书，它是话题也是借口，它绝对是那顿小洋葱杂炒的最佳伴侣。孤单单的一杯葡萄酒是忧伤的。但是，一旦上了饭桌或是吧台，和朋友们或心上人一起，无须酩酊大醉，即可和乐融融。不用你离开座位，它就可以带你旅行千里，穿过阿尔萨斯（Alsace）峡谷，漫步在波尔多（Bordeaux）城堡行间，纵览汝拉（Jura）的高山草甸，迷失于美丽的罗纳（Rhône）河谷。

葡萄酒，
至此至今，惊喜继续

葡萄酒的供应从来没有像今天这样丰富：这包括全法国的各类葡萄酒，当然还有来自全世界的葡萄酒。它的产品外观设计也是各式各样：有带香味儿的，有放在试管里的，还有易拉罐装的。这么做是不是为了让葡萄酒更加大众化，为了让年轻消费者更容易接受呢？

葡萄酒，不断在发展着

这是一个不可否认也无法阻止的现实：关于葡萄酒，我们不能再像30年前那样做宣传了。对于初识葡萄酒的人来说，一下子要面对那么多来自世界各地的葡萄酒必然会迷失方向。与此同时，这也未尝不是一件好事：所有问题都变成了可相对化。兴许这些观念上的改变，能够唤醒那些长年枕在以往的辉煌上的某些所谓名品。这绝对是一件非常正能量的事情，比如，来对比一下新爱尔兰的和卢瓦尔河谷的长相思（sauvignon）、美国俄勒冈州的和勃艮第的黑比诺（pinot noirs），这该是一个多么值得让人期待的测试啊！这，既能让葡萄酒业资深人士，也能让新人，来证实一下那句可以完美地诠释了什么是葡萄酒的名言："懂得越多，就知道得越少！"

互联网万岁！

是时候打破那些常规了，在互联网上打开世界上任何地方，任何一个人的博客，都可以分享那些曾让自己心动的一刻，上传葡萄酒照片已经变成了一种时尚潮流：表现自我，寻求共识，自建群体。网络社交语言比起教条式文学更容易让我们和年轻一辈沟通，无论是正统的学术内容，还是周边的小道新闻，互联网带给我们的是始料未及的资源和无限潜能。

市场营销，一直在扮演引导性的角色

女性和年轻消费者，是葡萄酒商为了扩大市场份额的必争消费群体，所以现在市面上才会出现一些比较风趣，或是使用一些可以讨好年轻人的符号的包装。我们可以发现有越来越多针对这类消费群体而兴起的产品。比如专门为女性顾客打造的试管瓶设计，当然也不难想象，这种包装无形间使葡萄酒的价格增高，而导致销售对象的相对减少。不过，这种试管瓶装酒最让人遗憾的是，品酒不再是一件可以分享的快乐，而是变成了独酌孤饮。同样，易拉罐式的一人量装，也让酒逢知己变得几乎不可能了……

带香味儿的葡萄酒，不好吗？

现在市面上能见到越来越多的带有不同香味儿的葡萄酒：柚子味儿的，芒果味儿的或是香草饼干味儿的。实际上很久以前这种带有香味儿的葡萄酒就有了，早在公元前，希波克拉底（Hypocrate）就已经描述过，说带香味儿的葡萄酒跟香水的制作方法差不多。那里面都放了什么呢？芦苇、灯芯草、闭鞘姜、西拉甘松、豆蔻、桂皮、藏红花、细辛。反正肯定都

是一些好东西啦，不然希波克拉底怎么能活到110岁，你们说呢……

在阿皮基的那本《论烹饪》（《De Re Coquinaria d'Apicius》）里记载了一种香料制酒的方法和一种有蜂蜜味儿的葡萄酒配方。这种使用香料制酒的传统方法在地中海盆地地区得以传承：它可以在延长保质期的同时又增添不少风味儿，其中一些直接被当作药酒饮用。这些香料为葡萄酒增添了一点儿辛辣味道，黑颇咔（开始叫ipocras，后来叫hypocras）就是桃红葡萄酒的祖先，结论就是只要我们有足够的想象力，使用香料和其他水果会给葡萄酒带来无限生机。

所以，柚子桃红葡萄酒和其他一些类似产品，无外乎就是原始版的现代化复制。可以直接买来将其当作餐前酒饮用，但是更好的饮法是，大家完全可以在家里自行调味，这样还可以保证酒里面没有多余色素、保鲜剂等。

黑颇咔的配方

在白葡萄酒或桃红葡萄酒里加入以下香料：桂皮、小豆蔻、丁香（调味用）、姜。最好是把它们像茶包一样包起来，然后加入玫瑰花瓣、蜂蜜或是白糖，放在凉快的地方静置至少48小时，等味道全部进到酒里。黑颇咔最好喝凉的，可以当作餐前酒或饭后酒饮用。

酿酒用的葡萄
是从哪里来的？

从旧石器时代起就有葡萄了，不过那时候的葡萄都是野生的，估计当时人们食用葡萄就是直接生吃。一直到了新石器时代，在近东地区才有人工栽培葡萄的痕迹。

葡萄酒的历史可以追溯到7500年前

最初，葡萄只是所有可食植物中的一种。随着人们开始会用水果、蜂蜜和谷类作为原材料发酵、制酒，古人就知道了酒是能让人开怀大笑的好东西。就这样，一点点地，随着时间的推移，葡萄酒诞生了，尽管那时候的葡萄酒和我们今天所喝的葡萄酒是有很大差别的。

在伊朗，扎格罗斯（Zagros）山区北部，考古学家在那里的陶器残片上发现了酒石酸、鞣酸和松节油的痕迹，这证明人类酿制葡萄酒的历史已经有7500年了！

松节油（松脂），这个对于体操运动员不可缺少的东西，伊朗人把它用来做保鲜剂。7500年前的伊朗葡萄酒的味道嘛…… 怎么讲呢，应该很特别。这段使用松脂酿酒的历史让人可以联想到希腊阿勒颇（Alep）山区的松脂酒（retsina）。伊朗人是最早开始使用松脂作为保鲜剂的，这比巴斯德（Pasteur）发现硫的保鲜功能早了很多很多年。

葡萄的筛选

从那时起，葡萄园区开始一点点地朝南方扩展。约旦、埃及、希腊、地中海盆地地区都被种植了大片的葡萄。原来的野生葡萄也逐渐地被改良，成为人工培植：人们通过观察和试验，开始挑选那些果实量大多汁的强壮枝条或种子，采用插枝或播种的方法繁育栽培，慢慢地培育出了真正意义上的不同葡萄苗木品种。这些葡萄被腓尼基人、希腊人和罗马人带到其他各地。

史上最早用来酿酒的葡萄是哪些种？现在呢？

首先有一点不能忘了，葡萄是爬藤植物，如果不控制它的生长，其新梢长葡茎蔓绕到其他树干上，它就会爬得到处都是，人们很早就知道了只有及时修剪才能控制它的长势，才能得到粒大饱满的果实。

酿酒葡萄，又称作欧亚葡萄或欧洲葡萄

最早被人工改良栽培的葡萄地处高加索地区，被称作酿酒葡萄，是欧洲的食用葡萄和制酒葡萄的原始品种，它的种植面积也是最多最广的。产自美国的沙地葡萄、冬葡萄、河岸葡萄和美洲葡萄通常被认为不值得用来酿酒：以至于很多地区是禁止使用这些品种的葡萄做酒，它们常常会伴有一股非常魔性的硫黄味道！只有很少一些葡萄产区因为时间的推移，通过杂交、优化和增殖而增添了新品种。罗马人最先开始认识和划分了十几种葡萄品种，也是他们分类归纳出了至今为止我们所能认识的一万余种葡萄，其中的大约1300种用来酿酒。位于伊朗的设拉子（Chiraz），并不是西拉葡萄（syrah）的起源地，而是阿罗部落热葡萄，即古老的梦杜斯葡萄的起源地。你问美国的仙粉黛和意大利的普里米蒂沃有什么共同点？答案是，两者都是源于克罗地亚产区的普拉瓦茨马里葡萄（又译为小兰珍珠）。

目前世界上有以下十大酿酒葡萄品种，共占全世界葡萄产区的40%。这对于新品种的培育来说，并不是件好事。

- 赤霞珠（cabernet sauvignon），黑色，290091公顷，占世界葡萄产区的6%
- 梅洛（merlot），黑色，267169公顷，占世界葡萄产区的6%
- 阿依仑（airen），白色，252364公顷，占世界葡萄产区的5%
- 丹魄（tempranillo），黑色，232561公顷，占世界葡萄产区的5%
- 霞多丽（chardonnay），白色，198793公顷，占世界葡萄产区的4%
- 西拉（syrah），黑色，185588公顷，占世界葡萄产区的4%
- 哥拉娜（grenache），黑色，187735公顷，占世界葡萄产区的4%
- 长相思（sauvignon），白色，110138公顷，占世界葡萄产区的2%
- 特雷比奥罗（trebbiano toscano），白色，109772公顷，占世界葡萄产区的2%
- 黑比诺（pinot noir），黑色，86662公顷，占世界葡萄产区的2%

关于葡萄采摘的那些事

20

不同的酿酒葡萄品种（赤霞珠、梅洛、长相思、霞多丽……）和不同的生长环境（日照、地质、地区），使每种葡萄的成熟过程和时间是不一样的。有些是早熟品种，有些是晚熟品种：如何确定具体什么时间开始采摘葡萄呢？

采摘节，有点儿复杂的历史

各地的葡萄开采日都是由葡萄酒跨业委员会官方事先拟定的，在这个日子之前，是禁止使用"采摘葡萄节"这种字样的。究竟具体哪天开采，倒是由每个酒农自己说了算，就看他最后想要酿成什么类型的酒了。一定要注意，判断葡萄的成熟与否，要从两个很重要的角度来看：

一种是植物生理学上的：它意味着未来成酒的浓度（酿制一瓶酒精含量10%的葡萄酒，所需175克糖）和酸度之间的均衡。

一种是葡萄的酚成熟上的：它将决定未来成酒里面的有色物质和单宁的含量。

现实中，这两种成熟度很可能不是同一天达到，比如一种比另一种早了点，导致酸度的不稳定等，这是很让人头疼的事。另外，葡萄的种植行距和品种，也会让每块地的采摘季有几天甚至几周的差别。

如何判断葡萄的成熟与否？

可以直接品尝或者使用比重计来预估葡萄的潜在含糖量。

可以通过同时带有波美度的比重计来知道葡萄汁的含酸度。其他更精密的测试，比如每行葡萄的具体数据，则是在专业实验室里完成的。

如果我们希望未来酒的口感更加柔和，甜味儿更浓的话，那就要比干型葡萄酒（每升含糖量少于4克）采摘得晚几天。

采摘期，最好挑选天气晴朗且气温不太高的日子。如果空气中湿度太大的话，葡萄果粒就会膨胀，含糖量和香气将随之降低。相反，天气温度过高时葡萄果粒则会被风干。所以，采摘时间通常都会选择在比较凉爽的清晨。而用来酿制冰葡萄酒的葡萄则必须等待葡萄冻透才行，采摘的时间一般会安排在夜里。

人工采摘还是机械收割？

人工采摘是为了保留每串葡萄的完整。可以边摘边去掉那些烂掉的或是没熟的部分，当然也可以都收好了以后再剔除腐烂和未熟的葡萄。在一些多发事故地，地势过陡，葡萄树太低，行距又不够宽的地方，是无法使用机器的。除此之外，部分带有AOP（是欧盟原产地命名保护的标识）商标的产区索性明文禁止机械收割。因为现有的机械收割将会严重损坏葡萄，但是基于它的低成本和快捷，尤其是面对很大的收割面积时，还是有人会选择机械收割。目前收割机的主要原理是：机械臂抖动并击打葡萄藤，落下来的叶子和藤条会被吹风机吹走，留下葡萄果粒。

葡萄汁是怎么变成葡萄酒的？

采摘结束后，就得好好侍弄一下这些好看的葡萄了。因为它们是不会自动变成葡萄酒的：发酵时得一直在旁边看着，就像必须得像看着火上正在煮的牛奶一样。发酵过程一旦出差，出现霉菌就糟了。

筛选和压榨！

首先，需要对采摘下来的葡萄进行筛选，然后选择是否保留部分梗，或是只留浆果。由于梗的多少会增加成酒的单宁，所以一定要控制好留下的梗量，并且得挑选那些已经完全成熟了的部分。

接下来的步骤是压榨。现在人工用脚直接踩压式榨汁的做法已经几乎消失了。只有少数葡萄牙地区还在继续那么做，那里的人认为这样做可以在酿造波特酒（porto）时起到氧化作用。大多数酒庄都已经采取了使用可以分别进行分离、去梗及榨汁的一体机了。

压榨的作用是什么？

顾名思义，压榨，即利用重量压榨出葡萄里的果汁，葡萄汁是葡萄酒的母液，是所有葡萄酒制作的第一步，是酒精发酵的开始。

色，色，色！

白葡萄酒，是在榨汁过程中先过滤掉葡萄汁里的沉淀物，然后才开始正式发酵的。对于白葡萄酒来说，重要的就是不能榨出有颜色的汁，所以需要尽可能地减少葡萄皮和葡萄汁的接触。不过，有一种情况例外，如果葡萄皮里所含色素较少的话，倒是可以让它在葡萄汁里浸渍上几小时，以便获得更浓的香气。

红葡萄酒和桃红葡萄酒，这些需要着色的葡萄酒，一般都是通过完全浸渍这道正式发酵前的工序来完成的。这个着色过程可以一直持续到发酵结束。如果需要获取更浓的颜色和更多的单宁，还可以反复将葡萄汁倒入有色素部分的葡萄皮或葡萄梗里或是把后者添加到葡萄汁里，这两种方法的结果差不多。

发酵做得好，才能有好酒！

发酵这个活儿，就是酵母干的，它把可发酵糖转换成酒精和二氧化碳。不同种葡萄酒的发酵开始时间并不完全一样，有的可能是从压榨时开始的，有的可能是在压榨之前就开始了。这种第一次发酵就是酒精发酵，是葡萄酒的第一个必经之路。

那些关于葡萄酒的月历表

1月

　　如果说每年12月至来年的3月是剪枝期的话，那圣·文森（Saint Vincent），法国酒神的日子（1月22日）就意味着要么寒冬已逝，要么寒冬未然。酒农们一般会选择在这个时候举办各类葡萄酒品鉴会，给专业的和非专业的人士提供品酒。

2月

　　这个月份，尤其要专注管理监控好整个酒窖和酒桶的状态。因为这是酿酒过程中"回缩"现象的多发期，为了缓解这种自然的酒精挥发而使待酿酒体积缩小，从而导致其氧化反应，必须得人工往酒桶里添酒进去。这种做法，一年中要有规律地做上几次。

3月

　　剪枝结束："无论早剪、迟剪，3月里都要剪完"，通常也是在这个时间，开始把前一年或前两年的酒分装入瓶。

4月

　　在葡萄根瘤蚜发生前，安装葡萄架子，现在，除了少数像郝米提吉弯（Hermitage）、罗第丘（Côte - Rôtie）、孔德里约（Condrieu），更多的地区普遍使用铁丝网架藤。这个时候也要做好对付早春寒流的预防措施。

5月

　　这是葡萄开花的季节，也是为其松土排水、除去杂草的季节。

6月

架藤整枝，这项工序将直接决定未来获得果粒的大小和产量。

7月

继续观察地里的葡萄，一旦发现病虫需要及时治理。同时，也不能对酒窖里的酒掉以轻心，如果这个时候遇到突然出现的巨大温差变化，会直接影响到成酒的质量，那就糟了，糟了，糟了！

8月

如果这个月份去松土的话，那是会影响到葡萄的生长的，但是必须得留心各种寄生虫病。在南部很多地区，开始准备用来养酒的酒桶等预备工作。在一些特别早熟的年份里，这个月已经开始采摘了。

9月

这是让每个酿酒人神经绷紧的一个月份，必须得预测葡萄将会在哪天熟了，确定到底从哪天开始收割，这种全凭经验取胜的工作让他们的紧张度达到了顶峰。他们每天必须亲自去葡萄地里一粒一粒有规律地尝，才能估计出葡萄的成熟度。一般来说，如果不是早就在8月开始采摘了的话，法国的葡萄采摘季的正式开幕，都会从这个月开始，先从比较热的地中海地区开始，依次朝北展开。

10月

大部分酒庄在这个月份里已完成了采摘任务，除了那些晚熟品种还在采摘过程中。酿酒的工作也就真正地要开始了：酒精发酵，苹果酸乳酸发酵。很多时候它们是一个接着一个进行的，不过有些时候它们会同时发生。为了保持成酒的酸度，在酿造白葡萄酒的时候，我们会选择省略苹果酸转变为乳酸的过程。

11月

最早发酵结束的葡萄酒已经可以装瓶了。这个时候对新酒的管理要格外小心：必须保证酒窖恒温，让其顺利达到完全发酵。葡萄地里，又开始了新一轮的剪枝工作。

12月

这时候，完成发酵的葡萄酒可以装入橡木桶或者不锈钢酒桶。苹果酸乳酸发酵如果还没有完全结束的话，可以等到来年春天天暖时继续进行。

那些酵母君，
都是谁？

酵母，是些有点蠢蠢的微生物。就是说，它们这一辈子，光想着吃糖，还必须得在合适的温度下，不然，它们就一直会睡下去。我觉着酵母应该是树懒的后裔，树懒嘛，不就是懒到从来没有从树上下来过。

还非它不可

离开酵母，发酵就无从谈起了！破坏并且转化可发酵糖使其成为酒精，是酵母把葡萄汁变成了葡萄酒的。这是大自然做的好事：葡萄浆果上带有天然的糖，酵母呢，又是葡萄皮随身自备的。当然，这必须是一种"好"的酵母才行。像Brettanomyces，酒香酵母，在酿酒的过程中，就不太被看好。

而Saccharomyces cerevisiae，酿酒酵母，才是酿造葡萄酒所需的好酵母。处于一个良好的条件中的酵母，意味着它生长在一个健康的环境里，所有其他霉菌的存在都会让其罢工。同时，必须保证所处温度一直维持在20~25℃，然后就等它能啃多少就啃多少糖了，当然我们也可以帮它一点忙，即添加一些用作发酵的"菌种"。

能帮上大忙

所谓菌种，它是真正的酿酒酵母。是在压榨一小部分葡萄的过程中自然产生的酵母。事先做一小部分出来，就跟汽车制造商必须进行的撞车事故试验一样，可以预计接下来的葡萄汁是否会正常发酵，是否会太迟等，以便及时调整。一般在正式开始采摘季的前几天，我们会采取少量葡萄做这个"发酒"的试验。推崇并使用这种方法的酿酒人都是那些更偏向于使用和保存天然酵母发酵的酒农，这会让未来的成酒带有更加独特的风味。因为各产区的酵母都不一样，很多人认为这样做才是真正让每种葡萄酒都持有各自特别的地域风味的关键所在，而正是这些各不相同的地域风味，才是每款葡萄酒的本质基因。

袋装酵母

尽管酵母是天然存在的物质，但是在实际操作中，会有很多意外发生，比如温度不符、菌种失败、农药残留等，这些都会让天然酵母消失或存活量变得很少。另外，还会发生不良酵母量大于优质酵母量的情况。这种时候就会使用袋装"干酵母"来弥补。这些酵母不是工厂里人工合成的产品，它们是各地的葡萄酒农亲自提取并复制出来的。它们的好处在于我们完全可以按照需要来选择酵母的质量。跟袋装面条一样，使用前，要先将其浸水：将干酵母浸泡在35℃的水里，然后一点一点地放入其他温度的盆里降温，直到加入收割来的葡萄里。干酵母也可以先用在一小部分葡萄里做菌种，然后再混入到全部的葡萄里。

会放屁的酵母

　　或是更文绉绉一点的说法，酵母所进行的发酵过程，也是释放二氧化碳的过程。这是一个很值得利用的属性，比如酿制带气的天然汽酒。

如果酵母不喘气

　　酵母的生存方式，大大取决于它是不是在有氧气的条件下活着。当它在有氧能够呼吸时，它就只管吃，而且越吃越能繁殖，它所吃进的糖都被转化成了气体和能够提供它再繁殖的能量；这就是工业制酵母的方法。而在无氧的状态下，它不急着繁殖，只要能活着就好，也就是在这个时候它会产生酒精。总之，有吃的时候拼命繁殖，不然就保命产酒，醉生梦死大概就是对酵母这一生最好的诠释吧！

培育：如何对待新酒？

26

当葡萄汁变成了葡萄酒后，还有一个重要的环节，被称为"养酒"。这个过程会让每种葡萄酒的味道明显起来，赋予它独特的标记。养酒的时间可长可短，有的短到不能再短，有的也可以长到很多年，这个步骤非常重要，而且是决定性的。

雏形已现

我们可以把酿制葡萄酒的过程形象地比喻成服装制作过程：葡萄的采摘相当于未来成衣的设计图，葡萄汁到葡萄酒的过程是服装大致缝起来的初样，而养酒就是最后需要每个裁缝对服装精雕细琢的部分了。这个养酒过程所需的时间长短，决定了未来成酒的颜色和它的保存方式。

目前市场上有很多种材质制造的用来养酒的酒桶，供酒农们选择。

• 不锈钢或混凝土酒桶：多功能用途，既可发酵酿酒也可以用其养酒。混凝土酒桶的优点是其稳定性好，但是很难清洗。不锈钢酒桶通常配有温度计。这两种酒桶都不会给葡萄酒增添任何额外的气味。

• 橡木酒桶，无论是新桶还是旧桶，都具有一定的通气性，可以不停地供给葡萄酒微量的氧气，橡木中的多酚和单宁也会给葡萄酒带来独有的木质香气。不过，这一现象只发生在使用时间少于5年的酒桶里，超过5年的使用期，就不会再有这种效果了。

• 双耳尖底瓮，最近见到越来越多这种复古装酒罐子，它们有的可以大到能装数千升酒，也有的只能盛十几升酒。它们跟橡木桶一样，也能供给微量氧气，并且这种陶罐也完全是用天然的材料制成的。

• 直接用瓶装，像香槟酒和气泡酒。

苹果酸乳酸发酵

葡萄酒跟小孩子一样，需要适当的休息，青春期期间更得让它们安静平稳地度过。低温效应：无论是把酒桶搬到室外、人工制冷或是等天气降温，低温都是最好的停止发酵的办法。

当气温一旦回暖时，生命再续，永恒不变。

因为再度转暖时会发生一种现象，跟酒精发酵相反，它也不是一定会出现，叫作苹果酸乳酸发酵。为了显示自己很牛，业内很多专业人士会叫它"拉玛楼（la malo）"。酒酒球菌（Œnococus œni）将苹果酸转化成乳酸，后者的酸度要比前者低很多。这

一过程对于红葡萄酒来讲是不可缺少的，而白葡萄酒只有在想保留它的另类特质时才会这样做。这种现象有时会发生得特别早，所以每个年份的葡萄酒都会有不同的味道。

圆桶养酒

在圆桶里养酒是可行性最高的，因为养酒过程中，有几个非常昂贵却又是必须要做的步骤。

• 滗清：从桶中取出葡萄酒，澄清浮层，除去沉淀物，清洗酒桶。

• 添酒：养酒过程中，酒精的自然挥发会使酒桶里的酒逐渐减少，为了避免这种时候可能发生的氧化反应，所以要往酒桶里添酒至满。

• 搅拌：养酒过程中死掉的酵母和一些植物残渣会浮在酒液表面，搅拌的作用是可以让整桶酒液均匀地完全浸渍其中。

通常，葡萄酒会在这里待上好几个月：有些波尔多葡萄酒或一些保存期更久的葡萄酒，这个过程至少需要18个月，甚至更长。

为什么每年的博若莱新酒里会有股香蕉味儿?

在法国的很多地区,品尝当年的新葡萄酒的传统习俗已经很久了,通常都是一些不适合保存、地方性很强的酒。所以,每年的博若莱新酒节也不是用魔术变出来的,它是从1950年左右开始的。

明文规定

法律上规定并允许部分酒商在符合某些特定的条件下,在每年的12月15日之前开始销售当年的AOP新酒。在1980年前后,规定了每年11月的第三个周四是博若莱新酒的上市日,这种做法一直持续到了今天。

是不是得马上喝掉它?

没有人会想到应该在博若莱新酒上市后的几周后再去品尝它:理由很简单,因为它的养酒过程很短,所以无法保存。

可尽管如此,即便大部分博若莱新酒都是在装瓶后6个月之内必须喝掉,还是有一些地区酒庄的博若莱新酒得等到来年,甚至是第三年才能喝出它的味道。

酿制绝招

博若莱葡萄酒是用佳美葡萄为原料,使用一种特殊的发酵方法:二氧化碳浸渍法(注意,可以用二氧化碳或者半二氧化碳来酿制普通葡萄酒,但是却不可以用在那些带有每年11月的第三个周四前出窖许可的葡萄酒上)。使用二氧化碳酿酒是一种比较容易的方法。将整串采摘下来的葡萄,无须去梗,直接放入浸满二氧化碳的酒缸里。就跟一场"兰塔岛(Koh-Lanta)",或是其他真人秀一样,把一群精力旺盛的年轻人关在同一个地方,等着他们很快就会自我放飞。当然,葡萄们是无法你打我一巴掌,我回你一拳的,但是葡萄会开始从果核内部酒精发酵,直至完全崩开释放酒精。

你有香蕉吗?

总会有人对博若莱新酒感到不爽,会觉得它有股不可描述的香蕉味儿、英国硬糖味儿或是指甲油味儿:这实际上就是戊醇的气味。这种新酒的味道非专属博若莱新酒,它是酯和乙酸异戊酯的产物,是在二氧化碳浸渍过程中自然释放出来的物质。如果使用了外加酵母酿制,那这个味道就会更浓些,例如,71b酵母。另外,高温酿制也会激发出葡萄里所含的红果那部分的味道,这样可以让不同年份的葡萄酒相差不是很大。当然,并非所有的博若莱新酒都会有这股香蕉味儿:还是有一些绝对是葡萄味儿的博若莱新酒!所以说,酿酒人的选择和酿制方法才是决定葡萄酒最后味道的真正因素。

被氧化还是去氧化？

去氧化、供氧，是一个让人感到害怕的说法。它很容易被人理解为"被氧化"，意味着被老化、变质。如果说前者，被氧化，是一个自然现象，但是却又必须得尽量避免的话，那么后者，去氧化，则是应该尽可能拥有的。

一旦被氧化，就完蛋了！

一瓶葡萄酒打开后，跟空气接触，不去管它的话，几天后就会被氧化掉。它的味道、香气都会渐渐消失，变得难闻起来。葡萄酒直接跟氧气接触，就会变质，无法继续饮用。另外，葡萄酒存酒方法不当，中途遇到氧气，也会变馊。

有氧存酒，绝对有必要！

有氧储存葡萄酒，能使葡萄酒喝起来的口感更舒服，同时也能减少其被氧化的概率。这类葡萄酒适合长期存放，再被氧化的可能性较小。

通常，这种方法会使用在含糖量较高的葡萄酒上。这类葡萄酒本身抗乙酸菌的性能很好，它的有氧特征也跟某些黄葡萄酒一样，源自于剩余糖分的氧化焦糖转化。

受湿度和温度的影响，有些地区的酵母自带有氧功能，形成一层奶油薄膜浮在存酒的表面，一点点铺满。

黄葡萄酒

这其中最著名的要属汝拉产区的黄葡萄酒了。酿制这款葡萄酒采用的是萨瓦涅（savagnin）葡萄品种，经过6年的日月星辰，无须任何添桶操作，这时候的酒在酒膜下已经大量挥发，最后只剩下原来的62%，这也解释了为什么装这种酒的克拉弗莱（clavelin）矮胖酒瓶里只能装620毫升的酒了。此款葡萄酒如同干邑，厚重，是一种可以保存很久的葡萄酒。它经常会和传说中的肥母鸡炖羊肚菌一起品尝，如果配上一款上好的孔泰奶酪（comté），也是不错的选择。

芙洛（flor），美丽的秘密

芙洛，浮在葡萄酒表面的一种白色酵母酒膜，吸取葡萄酒里的酒精、甘油和氧。它的化学分解作用可以改变葡萄酒的口感。葡萄酒里的栗子味儿、杏仁味儿、蜂蜜味儿，甚至是咖喱味儿，都是由葫芦巴内脂和乙醛（乙醇的氧化）的混合而产生的。这种酵母，尤其会出现在汝拉产区，有时候也会在法国西南部、西班牙的雪莉酒（sherry）、匈牙利著名的托卡伊酒（tokaj）里面发现它……

橙色酒，还能再发明点别的不？

你们一定都尝过了白葡萄酒、桃红葡萄酒、红葡萄酒还有黄葡萄酒，那你们知道还有橙色葡萄酒吗？这倒不是什么创新产品，这种葡萄酒很久以前就有了，它的生产是应用了一种早在人们开始使用硫黄前就有的，能够起到葡萄酒稳定剂作用的技术。

我的格鲁吉亚

要弄明白橙色酒，需要先去看看6000年前的格鲁吉亚，还有那里的奎乌丽（gvevri）。很早以前，在可调节温度的不锈钢酒桶、混凝土酒桶，甚至是橡木酒桶发明以前，那里的人们就开始使用奎乌丽这种陶器酿酒了。那些每个都盛得下数千升葡萄酒的酒坛，被埋在地下进行发酵，这种做法在保证温度稳定的同时也保持了湿度不变。葡萄在这些巨大的容器里完成了它全部的转化过程：采摘下来的葡萄直接连皮带梗一同被放进了奎乌丽里进行为期数周或数个月的二氧化碳浸渍发酵。凉爽的地下温度让这一提取香气的过程可以变得很长，而被氧化的情况则极少，持续发酵的过程无疑保证了酒质不被氧化。发酵结束的葡萄酒在过滤去皮除杂质后，接下来两周到6个月内被换到另一个奎乌丽里养酒。根据所需成酒的颜色，这些葡萄酒的养酒时间可长可短。

意大利人重现橙色葡萄酒

更多采用二氧化碳浸渍发酵的葡萄酒重新从意大利那边开始：人们无外乎就是想重归最原始、最天然的酿酒方法。他们用的双耳尖底瓮并不是每次都必须埋在地下，体积也要比格鲁吉亚人的小很多。这些陶器的内部涂有蜂蜜以确保它的密封度。容器的大小、葡萄产区、浸渍发酵的时间长短，这些都决定了成酒的不同。

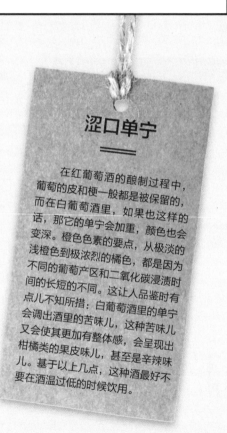

涩口单宁

在红葡萄酒的酿制过程中，葡萄的皮和梗一般都是被保留的，而在白葡萄酒里，如果也这样的话，那它的单宁会加重，颜色也会变深。橙色色素的要点，从极淡的浅橙色到极浓烈的橘色，都是因为不同的葡萄产区和二氧化碳浸渍时间的长短的不同。这让人品鉴时有点儿不知所措：白葡萄酒里的单宁会调出酒里的苦味儿，这种苦味儿又会使其更加有整体感，会呈现出柑橘类的果皮味儿，甚至是辛辣味儿。基于以上几点，这种酒最好不要在酒温过低的时候饮用。

在法国也一样，越来越多的橙色葡萄酒占领了市场：从阿尔萨斯（Alsace）的西南部，到卢瓦尔河谷（Loire），到勃艮第（Bourgogne）都有出品此类葡萄酒。它的原始味道，令其无论是单独品尝或是跟奶酪搭配，都是不错的选择。

变异酒，那个X因素，其实是酒精！

我们这里谈论的这款葡萄酒，跟基因学里的突变没有什么关系，而是在其发酵过程中经历了一道工序：（葡萄汁发酵中的）中途抑制。这不会让葡萄酒变得有什么特别的超能之处，但是却能带给我们一场味觉的盛宴。相信你们已经认识很多这类葡萄酒了，一起来探讨一下吧！

变，变，变

这是一道停止酵母继续发酵的工序，通常是往正在发酵中的葡萄汁里加入纯酒精，也就是让部分酵母直接溶于纯酒精里。这时候，因为酵母已经被新添进的酒精烧熟，所以停止发酵，这时的半成酒里饱含着原有的可发酵却又未完全发酵转化的糖。是这些还没有来得及转化的糖与新加入的酒精一起，留住了最后成酒里的所有新鲜水果的芳香。

这就是天然甜葡萄酒的酿制方法。在法国，露喜龙地区（Roussillon）的莫里（maury）、班努（banyules）、韦萨尔特（rivesaltes）最为常见。

罗纳河谷（Rhône）产区也出此类酒，比如哈斯图（rasteau）、波姆德威尼斯（beaumes-de-venise），还有朗格多克（Languedoc）产区的全部麝香葡萄酒（muscat）系列，科西嘉岛（Corse）产区等。当然，令人惊讶的是，你们也许知道比诺甜葡萄酒（les pineaux）、弗洛克德加斯科涅酒（floc de gascogne）和汝拉产区（Jura）的香甜酒（macvin）都是天然甜葡萄酒。另外，葡萄牙有波特酒（porto），西班牙有雪莉酒等。

世界上出产这类酒的地方很多，我们还可以列出很多例子。它们的主要区别在于：

• 酿酒葡萄品种；

• 中途抑制发酵的具体时间，是在已经开始酒精发酵的葡萄浆里，还是在葡萄果粒里；

• 养酒过程：供氧，让葡萄酒沉浸在大量的氧气中，有时会用氧气泵直接打氧进去或是利用还原反应，近似于普通养酒方法。

孤独，那是不存在的

平时大家普遍并不十分注重这类天然甜葡萄酒，只有用作餐前酒或搭配甜品时才会饮用。可事实上，在酒温适宜的条件下，单独品尝才更能喝出味道，几乎有点像是开胃酒。请大家记住，千万不要喝冰的酒。白葡萄酒要喝凉爽的，红葡萄酒只需稍微比白葡萄酒高1℃就好。当然，如果您是雪茄的爱好者，一杯有点年头的韦萨尔特天然甜葡萄酒是最好不过的了。

干化酒、贵腐酒、晚收酒：
糖尿病患者禁止饮用！

大家都喜欢口感温和的葡萄酒，像天然甜葡萄酒、甜葡萄酒、利口酒等。那么究竟如何选择这类葡萄酒，它们是怎样酿制成的，是什么决定了它们的产量稀少和价格？我们一起来"围观"一下吧。

方法一：懒洋洋地晒太阳

这个方法可以用在各个环节上：比规定的采摘葡萄的时间拖后几天。等着葡萄自己铆劲儿晒足太阳，体内糖分得以充分浓缩再摘，接下来的压榨过程也是能慢则慢，这样榨的葡萄汁难怪会既甜又醇。发酵过程结束后，就是养酒了。这个方法中最容易出现的麻烦是遇到天气突变，如果连续下雨，葡萄很可能会发霉变质。如果寒流霜至，那损失将不容小觑。

方法二：干化法

干化法，顾名思义，就是通过把葡萄晒干后使其糖分浓缩。其中一种做法是，先不把葡萄摘下来，而是折弯它的茎枝，然后挂在葡萄架上，这样的葡萄不能再通过枝茎吸取水分，就会被干化掉——有没有人听到被折时葡萄的尖叫呢？另一种方法是把摘下来的葡萄，一串串地再重新挂到葡萄架上，跟晾衣服似的。也可以摊开晾在装水果的木条屉里。这个方法的重点是要求葡萄在接下来的数周内，甚至数月内，保持空气流通。

干化法，是一种非常不错的用来保证成酒均衡的办法，它不会改变果粒内部的酸度。这样处理过的葡萄含糖量高，而且风干后的葡萄不易变质，酸度也能依旧保留。在汝拉产区的麦秆葡萄酒（vins de pailles），法国西南产区的朱朗松（jurançon）、维克-比勒-帕歇汉克（pacherenc-du-vic-bilh），卢瓦尔河谷（Loire）产区的乌弗莱（vouvray）、索姆

（chaumes）、波奈若（bonnezeaux），都是这类葡萄酒。

方法三：索性腐烂

也不是所有的菌类都对葡萄有害。比如说灰葡萄孢霉，是根据其繁殖的蔓延速度来决定是有益还是有害的，当它慢慢地将葡萄表面腐蚀时，被称之为贵腐。但是当它以飞快的速度吞噬葡萄时，这也是酿酒人最担心的现象，这个时候会让葡萄裂口，灰霉菌趁势侵入，这种情况被称之为灰腐。所以这就更得靠酒农对葡萄的特别看管了，有时候甚至得经常一粒一粒地转动葡萄，进行筛选工作。这种灰霉菌也只在某些特定的葡萄产区和特定的季节才会出现，所以不是到处都能生产出此类酒。在波尔多和卢瓦尔河谷产区，有这种用苏玳（sauteme）和巴萨克（barsacs）两种葡萄品种酿制而成的贵腐葡萄酒。在其他国家，例如奥地利，也能品尝到这类葡萄酒。

灰葡萄孢霉能将浆果风干，所起到的作用跟干化很像，并且它还有一个优点就是降低酸度，让其成酒的pH更加均衡。

方法四：冷冻萃取法

这些来自加拿大、奥地利和德国的冰酒诞生于酿酒界的一个美丽的错误。据说是曾经有一位比较吝啬的酒农觉着扔掉那些被冻坏的葡萄实在是可惜，所以他就把它们进行了压榨等工序处理，酿酒。尽管压榨被冻过的葡萄是一件非常困难的事情，需要花费更长的时间，更费力气，但是没有想到如此这般获得的葡萄酒却是异常的无与伦比。这就是所谓的冷冻萃取法：让葡萄一直待在树上直到12月底，甚至直到来年1月份，这个时候，葡萄的含糖量还会继续上升。等到室外温度达到-12~-7℃时，再进行采摘。葡萄里的水分结成了冰，变成冰碴儿，在压榨期间会被除去，这样，看上去剩下的葡萄汁要少了许多，但是里面的含糖量却高出了很多。

晚收酒（VT），粒选贵腐（SGN），筛选（TRIES）

晚收葡萄酒，粒选贵腐，这两种叫法只能用在由阿尔萨斯产区的四种酿酒葡萄品种酿制出的葡萄酒商标上：雷司令（riesling）、琼瑶酒（gewurztraminer）、麝香葡萄（muscat）和灰比诺（pinot gris）。筛选，是去葡萄地里挑选成熟度最佳、贵腐结果最好的葡萄。这个筛选次数可能一次、两次或者三次，这意味着采摘季很容易就会持续好几个星期。

香槟酒的秘密

香槟，是一个地名，位于法国东北部地区。只有产在香槟地区的葡萄汽酒才可以被注册叫作香槟酒，这个称呼一直以来都有严格的法律约束保护。香槟酒本身就是一个传说，当然它也不是从一开始就是这样的。最早，它不过是一瓶安静的红葡萄酒罢了，而英国人，把它们变成了现在这种带气的样子……

气压下……

香槟酒，多亏了有英国人做的玻璃才会有它传奇的一生：用这种玻璃制成的酒瓶要比法国产的结实，英国人用它来分装那些从法国运来的装在木桶里的酒，用粘了糖和糖蜜的软木塞将其密封。有些时候，不巧就会出现一个气泡，这种情形也同样会在法国发生，但不同的是，英国人用来装酒的瓶子要厚实得多，这在无形中使瓶内产生了一定的压强。这一特性，在两个世纪后的法国香槟地区得以充分利用，从而诞生了这种带气的葡萄酒——香槟酒。培里侬（Dom Perignon），并不是他"发明"了香槟酒，但是是他重新开始使用软木塞盖，而且是第一个使用英国制酒瓶的人，并且发明了Coquard气压技术和如何将原有的黑比诺葡萄酒改良成无色葡萄酒的人，这些就足够了不起了。

一种地方风味

更确切地说，香槟是一个聚集了多种地方风味的葡萄酒产区，它的面积为34000公顷，土质主要成分为石灰岩，共由兰斯山区（la montagne de Reims）、马恩河谷（la vallée de la Marne）、布朗丘（les cotes des Blancs）和 巴尔斯丘（la cote des Bar）四大板块组成。共有320个葡萄园，一万多家小型葡萄种植户，275000 行葡萄树。

香槟酒是一款非常好的餐前酒！

岂止是餐前酒，完全可以从头到尾一顿饭里都喝它。

- 一瓶上等的白中白，用来搭配各种冷盘或较为清淡的鱼类海鲜等来说是最好不过的了；

- 黑比诺，由于没有经过在大酒桶里的养酒工序，它保留了大部分果香并且轻淡，适合搭配白肉类或是伴有番茄的菜式；它特有的层次感和木香，能给随便哪种烤肉都染上了一层梦境般的绚丽；

- 莫尼耶，多少有点百搭，无论是浓汁海鲜，还是奶油家禽，每次都能让人体会到新鲜的感觉；

- 吃甜品时，一款桃红干型或是绝甜型都能让那些以红果为基调的甜点变成一场味蕾的盛宴。

三种酿酒葡萄

有最常见的三种酿酒葡萄：霞多丽（chardonnay）、黑比诺（pinot noir）和莫尼耶（meunier），也有传说中的真正的白葡萄：灰品乐（pinot gris）、阿尔巴尼（arbane）、小美斯丽尔（petit mesnil）……根据是否单独还是混合使用，我们会在商标上见到"白中白""纯霞多丽""黑中白""纯莫尼耶"和（或）"纯黑比诺"等字样。

香槟酒是怎样制成的？

第一次酒精发酵结束后，将各类葡萄酒（可能是不同葡萄品种、不同排行的葡萄、不同年份的酒）一起混合，装瓶，进行第二次发酵。这时要先在瓶底加入少许糖和酿酒酵母。一旦酵母开始活动，在密封的酒瓶内就会产生二氧化碳气体这一现象被称作"起沫"。接下来，香槟酒需要彻底静养，而且是很长时间的静养：最少18个月，有的要等上好多年。芭比-妮可·凯歌-彭撒丁（Barbe Nicole Clicquot Ponsardin），那位传说中的寡妇，她"发明"了筛渣工艺，放在A字形支架上，每层板均以45°朝下倾斜，这样，每瓶酒都是瓶口朝下，残渣就会停留在瓶塞部位。然后，还要经常转动这些酒瓶，这样，各种沉淀物就会集中在瓶口。以前这项工作都是由人工操作的，现在用的是自动筛渣机。去渣时失去的那一部分酒会用利口酒补充进去，这个步骤会决定未来成酒的酒香甜度。香槟酒的类型是根据它的甜度来定的：干（brut）含糖量少于15克/升，半甜/半干（demi-sec）含糖量12~20克/升，特干（extra-brut）含糖量少于6克/升。

何为品尝？有品位地尝

品尝香槟酒的第一步，是要确保它的温度：9~12℃最佳。香槟杯呢，肯定会有人跟你说起，那是根据法国路易十五的情妇蓬帕杜侯爵夫人、拿破仑一世的妻子约瑟芬·德·博阿尔内皇后、亨利二世的情妇黛安·德·波迪耶这几位女人的乳房形状来制作的宽口香槟杯。可实际上呢，最好选择鸡尾酒杯、笛形杯或是普通酒杯也可以。一个底盘够大、瓶口缩小的杯子，可以让香槟酒得以最大限度地散发出它的香气。

除了香槟，这种酒也冒泡！

36

带气泡的酒有很多品种：勃艮第汽酒、阿尔萨斯汽酒、德蒂克莱雷、利穆布朗克特、博杰赛尔东、自然起泡酒……它们的区别在哪里呢？

酿酒方法的不同

• 传统型：在第二次发酵时产生气泡，就跟香槟酒或汽酒一样。有些酒，不用打碎瓶颈部分，而是直接倒入另一个酒瓶里，换瓶去渣。

• 远古型：跟传统型办法相反，只需一次发酵。在葡萄汁变成葡萄酒时就已经将它们放置在一个密封的酒瓶里，里面直接加上糖和酿酒酵母，无须添加硫黄。实际上只要不加硫黄的话，酒里就会有气泡产生。通常酿制的温度会低于传统型的二次发酵。根据

发酵结束停止的时间不同，成酒的甜度也会不同。可以等待酵母完全挥发后自然停止发酵，也可以人工制冷，用降低温度的方法停止发酵。德蒂克莱雷（clairette-de-die）就是使用这种方法，跟其他自然气泡酒不同，不保留其陈酒，在瓶子里完成发酵的酒会直接低温倒出，过滤换瓶，不再添加利口酒。

• 封闭酒桶型：也叫作莎赫玛（Charmat）制法。顾名思义，这个方法就是使用完全封闭容器。期间，葡萄酒会在里面静静地度过发酵、起沫的过程。在装瓶时，会有少部分气体流失，这个时候可以加入

少许食用二氧化碳来弥补。

• 注气型：这也是一个最简单的方法，根本无须考虑何时发酵、何时装瓶，直接加入二氧化碳就可以了。

如何选择一瓶最佳的起泡酒

• 一般说来，第一个想到的就是它的价格：香槟酒、汽酒或是带气的酒，这些酒之间的价格差别是非常大的。

香槟酒，因为冠名"香槟"二字，就意味着必须

在那离法国不远的地方

• 来自西班牙的卡瓦（cavas），是气泡酒里的基础款，以它适中的价格让其越来越有人气。

• 意大利的普西哥（prosecco）长久以来一直被归到是混搭酒类里，可事实上它是很值得单独品尝的。

• 来自阿尔卑斯山区的法霞高塔（franciacorta）是一种特别值得推荐的传统型气泡酒。

• 还有别忘了同样拥有石灰岩地貌的比利时，也是气泡酒的好产地。

起泡酒坐标

对于葡萄酒爱好者来说，带气的葡萄酒是件蛮捉弄人的事情，因为根据它的商标上的特定名称，意味着不同的酿酒工艺，即便是差不多的标签，味道却完全不同。

干利穆布朗克特（la blanquette-de-Limoux）是传统型起泡酒，但是添加了利口酒做补充；而同一种酒也有远古型，但它的气泡却是天然产生的，酒精含量也较低。传统型的德蒂汽酒（le crémant-de-die）用的是克莱雷（clairette）葡萄和少许麝香葡萄，但是德蒂克莱雷（la Clairette-de-die）却是远古型的，只选用麝香葡萄酿制的起泡酒……

怎么样，来气不？

达到很多非常严格的标准，而且这种酒本身的制作也已经非常复杂，自然价格不会很低。另外，每公斤制酒用的葡萄价格是官方规定的，发酵时间长短也是有规定的，各种烦琐的工艺，使它跟其他类型的起泡酒在价格上是没有可比性的。

• 抛开价格问题，接下来考虑的就是味道与风格了：用传统方法酿制出来的汽酒口感会比较柔和、细腻，这种感觉要比天然汽酒更容易让人接受。但是这类天然汽酒的种类之繁多，总会有一瓶能让人惊讶不已，还是那几条，葡萄品种、发酵方法、停止发酵的时间，这些让起泡酒的选择多样化起来。其中人气最旺的就是那些既能起泡泡，价格又不让人头疼的酒了。

• 此外，稍甜的一类起泡酒最好跟清淡的饭菜或是下午茶搭配，它们的轻柔度是最受欢迎的。

有机酒还是生物动力酒：酒称大战

关于有机酒还是生物动力酒，光是根据它们的标签，是很难弄懂它们究竟有什么区别，究竟能带来什么好处，即便是味道上，有机，代表着更好吗？

什么是有机酒

有机酒的概念是从2012年兴起的，在这之前，只有用来酿酒的葡萄可以确保是有机产品。在大家通常的概念里，一般会认为这类葡萄酒是没有经过任何的人为掺假，所采用的葡萄也都是没有用过农药的，葡萄的种植对自然环境是没有任何破坏和污染的。但是，这些都是真的吗？

• 无人为掺假：所有加入这一商标注册的葡萄酒都要确保葡萄酒在酿制过程中，不额外添加无论是物理还是化学手段为达到其口感而做的任何掺假。例如：禁止使用通过高压过滤来加快水分子通过细胞膜的方法来过滤和浓缩葡萄汁。

• 无农药培植：禁止使用人工合成的化学杀虫剂。由天然植物或矿物为原材料制成的杀虫剂，则根据不同等级的商标，分三种类型：推荐使用、允许使用和不建议使用。

• 全天然酒：有机葡萄酒的意思并不是天然葡萄酒。天然葡萄酒肯定是有机葡萄酒，但不是所有的有机葡萄酒都是天然葡萄酒。

• 环境保护：根据不同的商标等级，关于这方面的要求也不尽相同。不过都有明文规定有关保护环境生态的内容。

细解商标

• Ecocert 是一家环境保护认证机构，有很多酒厂会选择这家公司来做认证。

• AB 是一种通用于欧洲的商标，只有带有AB商标的种子和幼苗才可以使用。任何转基因种子和幼苗都是被禁止的。为了保持和增进土地的肥沃多产，禁止使用工业和化学肥料，可以使用天然改良土壤的间接肥料。通常会利用自然资源来保护土地和环境，类似于生机互动农业，比如会用鸭子来消灭蜗牛等。

• 自然（Nature）和发展（Progrès）：带有这种商标的葡萄酒里没有添加色素、动物明胶、人工酵

母，也没有添加糖。硫黄是被允许的，但其含量最多不可大于欧盟许可量的一半。

• 生物动力葡萄酒（Biodynvin）和得墨忒耳（Dèmèter）：是两种不同的经销商标。是由推崇并按照鲁道夫·斯坦纳创建的生物动力学说的模式来培育葡萄、酿制葡萄酒的酒农所选用的专用商标。

生物动力农法

这位鲁道夫先生究竟哪里特别？这位写下了"食用土豆是把人与动物物质化的一个因素"。更确切地说，生物动力农法就是有机栽培的极致追求。任何一样不是天然产生的原材料都会被禁止。鲁道夫认为，所有使用的每样原料都应该可以重返大自然。这种方法将完全追求自然循环，将动物、作物和土壤作为单一的互助链。比如种植木贼草和春白菊，牛粪或硅石都能起到让土壤肥沃改良或是维持的作用。少量的铜和硫黄也运用在内。生物动力农法还会根据通过月历来进行改善土壤的工作，何时施肥，何时灌溉，何时采摘。很多有名的酒庄会采用这种方法，效果也是非常好的。

关于有机葡萄酒的偷换概念：

要理性地看待

比如商标Terra Vitis——"原生态葡萄栽培"，仅意味着该葡萄酒在葡萄栽培过程中，其制酒商曾签署过有关保护生态环境等事项的规定，所以带有该商标的葡萄酒是绝对不能被称为有机葡萄酒的。签发该证书的部门也仅仅是在书面文字上鼓励酒农们选择对环境更加有利的栽培方式，但并没有任何明确的措施与法规，只是单纯地鼓励酒农们要建立起一种动物跟植物与人类之间的共生关系。一个具体的例子是：将牲口放进采摘季后的葡萄园里，这样，一方面可以利用它们吃掉残余的葡萄，另一方面其粪便也可作为肥料来改善土壤。然而，事实上，这些制酒商依旧在大量地使用一些禁止有机葡萄酒使用的化肥等产品。

天然酒，说的都是啥？

关于天然葡萄酒，众说纷纭，说它是烂酒的人嘛，认为它只配给那些文艺小青年买醉用；推崇它的呢，又说这是一些很有个性、有生命感的葡萄酒。全民回归自然的这股流行风吹得大家越来越简约化。

无标签化

目前，关于是否要给这类葡萄酒量身定制个合法标签（商标）的讨论正在进行中，大家的争论暂时还很激烈，尤其在酿制工艺上，比如如何面对各种添加物（包括硫黄在内），如何使酿酒技术透明化等。很多酒农担心如果完全公开这些内容的后果就是给那些工业制酒商提供机会利用商标上的漏洞去误导消费者。

先入为主

这股回归自然的潮流并非今天才开始的。要知道有一些天然葡萄酒至少已有三十多年历史了！然而，让大家最困惑的问题无外乎就是它的叫法："天然"。对这个名称不感兴趣的人坚定地认为，如果真的让"老天""自然而然"地去造酒的话，那葡萄最后不会是变成了酒，而是变成了醋！尽管这个称呼可以用来区分那些工业种植的葡萄和工业制造的葡萄酒。

要想酿制一瓶天然葡萄酒，首先必须得保证采用的是有机葡萄，这样才能利用葡萄皮上自带的天然酿酒酵母。在一个真正的酒窖里需要人为的地方实际上是很少的，当然要保持酒窖的完全清洁是需要很多人力的付出。添加物这一概念经常会出现在有机酿酒的过程中：这是用来调整、稳定一些并不是靠自然环境就能达到的步骤。大部分天然葡萄酒酒农都会接受硫黄，也就是那个传说中的亚硫酸盐，当然用量会极少。可这说明，天然葡萄酒不意味着它不含硫黄。

奇怪，什么，你说它奇怪……

在人们的想象中，经常会认定天然葡萄酒，要么是一种有点偏差于正常的酒，要么就是过早被氧化了的酒：也正是这一点，才有必要分清什么是酿酒过程中出现的错误、污染和缺陷，比如还原反应中的缺陷是这类酒特别容易出现的一个自然现象。

还有另外一种对天然"不满"的是，过长的二氧化碳浸渍时间，会让成酒失去它原有的地方风味，尽管这是不可避免的。所谓最好的自然，也就是耐心，静静地等待时间将葡萄果子中最好的精华呈现，完全无须任何其他人为的力量。

那它的味道呢？

喝酒嘛，管它是有机酒、生物动力酒还是天然酒，关键还是在于它是否好喝！值得庆幸的是，它们其中的大多数味道都不错！还有就是，一定要记着的，并不是必须得是有名气的大酒庄才会有无可挑剔的葡萄和葡萄酒。多听听建议，保持好奇心，然后尝尝！

亚硫酸盐，危险么？

酒瓶上的商标中的亚硫酸盐总会吓跑那些不了解这是什么的人。可怕的硫黄，更准确地说是二氧化硫，会用到其不同的分子状态，但是在商标上的名字，被统一称作亚硫酸盐。

魔鬼之香

它几乎就是葡萄酒世界里的第一公害了。尽管，是因为它，才会有今天的葡萄酒，是它让酒农更好地明白和稳定了葡萄酒。所以，在把它当成妖魔鬼怪之前，最好先了解一下它究竟是什么吧。

硫，硫黄，或者二氧化硫，它的功能有以下几个：

- 可以预告氧化反应
- 抗褐斑
- 有消毒作用，可以抑制部分有害细菌和微生物的繁殖
- 可以起到稳定作用，从某种意义上讲，它可以缓慢酵母菌的作用。不过一旦硫黄变成合成物时，也就是到了养酒时，它的作用就会减弱。其中，pH也会影响它的作用，当pH过高时，它的作用降低。所以，通常会在过滤、凝合或降温时一起进行。

什么时候用它？

- 葡萄开花的时候和在清洗酒桶的时候是必须用的；
- 采摘季时，它可以起到避免过早开始的酒精发酵；
- 在酒精发酵结束时；
- 在需要停止苹果乳酸发酵时，避免成酒会更酸；
- 换桶时；

过敏源？

有些人会接受不了它，甚至会对亚硫酸盐有过敏的反应，会出现头疼、红疹、呕吐等症状。但是，完全不含亚硫酸盐的葡萄酒是不存在的，每种葡萄酒里都有亚硫酸盐，它是葡萄汁变成葡萄酒的过程中的自然产物。只有当它的含量超过10克/升时，才会被要求必须注明在商标上。如果你们对亚硫酸盐比较敏感的话，要当心的不是葡萄酒而是所有果干蜜饯类，那里面含有更大量的亚硫酸盐。

- 最后装瓶时；
- 葡萄汁发酵的中途抑制时。

在以上这些步骤里，也不是每一步都必须使用到硫黄。那么是否可以索性全都不用硫黄呢？可以倒是可以，不过现实中是非常难办到的事情。因为那意味着，无论是酿酒还是养酒的每一个环节所处环境均必须做到完全是无菌状态。根据不同等级的商标，亚硫酸盐的用量差别可能会有两倍的差距。一个正常的酒农是不会在他的葡萄酒里放上几吨硫黄的。

粘贴，又是啥？

你们有没有煲过汤，不是用那种买来现成的，而是自家做的那种？是不是煮着煮着，汤会浑起来，表面上会起沫，这个时候一定会用勺子、滤网什么的，把表面的沫子去掉。

喂！鸡蛋在吗？

有时，你们会在汤里加个蛋清吧？对，很神奇的，遇热后的蛋清变成了蛋白霜，还会把汤里漂浮上来的杂质包住。于是，只要把这些浮起来的粘着蛋白的东西一起拿掉就好了。葡萄酒也一样：蛋白质有一个特殊功能就是可以把这些表面浮着的杂质粘连起来。这道工序的目的，就是可以使葡萄酒更加清澈，更加有光泽，甚至更加稳定。有史以来，人们使用过各种蛋白质来做这道工序，如牛血、酪蛋白、明胶、鸡蛋白、鱼胶。据说那个家喻户晓的

有机＝无粘贴？

有机葡萄酒制法里允许使用粘贴的方法。由生产者自主选择是否使用这一方法，对所用胶原没有特殊要求。越来越多的酒农选择在他们的商标上注明"无胶"（甚至是"无胶无过滤"），这种做法可以比较容易知道该酒是否经过粘贴工序。不然，可以直接询问酒农或专业品酒师。这些都不行的话，还可以通过观察来判断：一瓶带有沉淀物的黄葡萄酒，多半没有经过粘贴这道工序。另外，大多数天然酒都未经过粘贴。

波尔多小蛋糕可露莉就是这么来的：女人嘛，都是比较会节省的，她们把这些剩下来的蛋黄收集起来，做成了小点心。尽管今天已经不再用鸡蛋白了，但是波尔多的这道美味的甜品却依然受大家喜爱。

一直都是用的动物蛋白吗？

使用动物蛋白让那些素食者很是不安：事实上，也有植物提取的明胶，比如天然绿黏土、海带或其他工业产品，例如交聚维酮（PVPP）。但是，它们并非很好，因为植物明胶可能会含有明显的有害物质，要么不好用，比如海藻酸，必须得另外加上一道过滤工序才行。

粘不住呀

有两个办法，要么反应得被及时发现，要么索性可以等久一点。

•装瓶的速度要快：这个时候的葡萄酒浑浊不清而且表面上会有一些杂质，对某些酒农来说这是很折磨人的。

•时间越久，地心引力也会跟着起作用：慢慢地，表面上浮着的杂质会一点一点地沉淀（也并不一定是全部）。这些沉淀物呢，可以用澄清、过滤

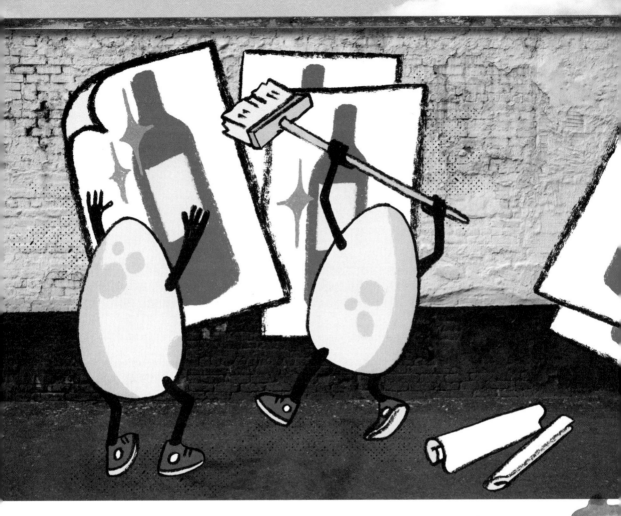

等方法去掉或者索性保留。

　　除了使用动物明胶对素食者来讲是一件不容易接受的事情，也有一些酒农认为，使用蛋白质"清洗"后的葡萄酒的口感会过于圆润、滑腻，所以不做这道程序。还有一些酒农为了保证他们的葡萄酒果香的完整度，会完全放弃使用过滤的步骤，当然，如果处理不当的话，成酒也非常有可能会变得更涩、更麻。总之，对于酒农来说，这些葡萄酒的处理过程，用与不用，怎么用，都不是一个很简单的选择。

不粘呢？有什么危险吗？

　　可能会，也可能不会：一瓶带着沉淀物并且还"活着"的葡萄酒，永远都可能发生尴尬；要知道只需一点点糖和一点点还未失效的酵母，葡萄酒就会一直在瓶内发酵。为了避免这种情况，通常在装瓶的时候会加入少许亚硫酸盐来抑制酵母的作用。当然一旦亚硫酸盐全部挥发，那其他各种化学反应还是会重新开始的，这也是为什么所有的葡萄酒，都最好放在一个略潮、低温、静止、远离光源的环境状态下储存。

如何学会品鉴酒？也没那么复杂！

  为什么要品鉴？为了要知道是不是好酒？为了要知道它是不是会好好变老？我们品鉴葡萄酒的时候品的究竟是什么？可否有个《品鉴做法指南大全》？要如何形容自己口中的味道？如何才能像专业人士一般谈酒？

尝酒，什么时候尝？

•直接去酿酒的地方或是葡萄酒专卖店，尝是为了挑自己喜欢的酒。

•为了对比味道。

•为了试试是否和某道菜搭配。

关键是，要观察葡萄酒的每个状态，并且记下它的优缺点。

一颗红心，面对酒

大家肯定都不止一次地在电影里或是小说里见过，那些能够盲品出每瓶葡萄酒的年份、原产地、葡萄品种，甚至是能分得清楚葡萄园里那头马是公是母等神一样的人。不过请大家放心，那真的是很少一部分人能够做到的，即便是专业的鉴酒师也很少能够做到那一点。品鉴葡萄酒的重点在于要全神贯注，持之以恒。不管是在自己家里跟朋友一起，还是在酒庄里，总归是尝得越多越懂酒，用来形容葡萄酒的词汇也会跟着越来越多起来。完全不用担心自己不会品酒，即便是在喝酒的问题上，也得先有自信才行。要知道，品鉴葡萄酒，并非是职业从事酒业人士的专属。

存满记忆的图书馆

如果把葡萄酒当成书，一本本地摆放在想象中的书架上，那每瓶品尝过的酒就是这本书的梗概，可以存档了。当你喝过的酒越来越多，那么梗概也就会越来越完整、越来越详细：记忆有种很神奇的力量，当你不断地去填满它时，那它也会让你能够记住越来越多的东西。这好比喝过桑塞尔（sancerre）后，就会发现它跟默内图萨隆（menetou-salon）的渊源深厚（同一地区，同一葡萄品种，叫法近似），所以接下来再选酒也就容易得多了。

一步一步来

•首先要把自己和酒都调整到一个最佳状态上：酒嘛，就是要保证它们的最佳品尝温度，过热或者过冰都不是太好。人呢，最好是在一个比较中性的环境里，就是说，不要有音乐、气味的地方，而且最好选在比较好的光线下。

•观察葡萄酒的颜色和光泽度：一杯看上去暗淡的葡萄酒，喝起来也是让人黯然神伤的，相反，一杯有光亮的葡萄酒，看着就会让人愉悦起来。葡萄酒的颜色是一个很重要的看点，但并非完全绝对用它去作为评判一瓶红葡萄酒的好坏的标准。当酒杯内沿一圈（接触氧气的那部分），最表层的颜色较淡至橘色时，意味着这是一瓶有年头的红葡萄酒了。相反，如果那一圈发紫的话，就代表着它的酒龄还比较小。

•然后要闻，不要晃动杯子，这个步骤叫"第一鼻，初闻"。

• 用拇指和食指捏住酒杯腿，轻轻晃动杯子，继续闻，这个步骤叫"第二鼻，再闻"，这时闻到的气味会更加浓郁。

• 接下来漱酒：像漱口一样，让液体可以在口中充分与空气接触。

• 吐掉：不一定要全都咽下去才能品出葡萄酒的味道。事实上，品鉴葡萄酒主要是靠闻。先用鼻子来感觉真正意义上的葡萄酒的香气，然后才是味觉蓓蕾的绽放，流动的液体在口中带来的直观感受，又被称为鼻后嗅觉。当葡萄酒的香气自然传开时，我们可能会说它有股樱桃的味道，或是像那种鼻子糖（比利时的特产，一种圆锥形小软糖），当然也可能闻出马粪味儿！其实，类似这种形容味蕾的词汇都不是那么准确。这些词大多数只能用来描述人们对酸、甜、苦、咸的感受。相反，那些直接作用在两颊、口腔内，甚至是牙床的触觉，才是真正可以确定葡萄酒的单宁量和状态的。

• 最后一步要知道的就是酒香的持久度了，也就是酒味儿停留在口内的时间长短。它的计量单位是留香时间（caudalie）。

其他品鉴方法

• 盲品的意思是，指定某人，由他来选择一些葡萄酒，并把酒瓶包起来，然后请大家来品尝。让大家闭着眼睛猜猜喝到的葡萄酒是哪种颜色的，是朋友之间一个比较恶搞互损的搞笑游戏，当然前提得是跟一些不太爱生气的朋友才行。

• "竖品/纵品"的意思不是要站着喝酒，而是品尝不同年份的同一款酒，来看看它每年都有什么不同，是如何演变的。跟"横品"正好相反，是指品尝同一年份但是不同款的葡萄酒。

如何形容、描述一款酒？如何跟职业从酒人士聊酒？要不要挑战一下？

聊酒，尤其是面对那些专业从事葡萄酒的人时，有多少人会倍感茫然，不知所措？然而你知道吗，这种"不安"却是双方的。并且，你的这种不安情绪多少是由他们刻意造成的，是为了能够保住葡萄酒这个领域的神秘感。现在来看看我们都需要懂得哪些基本用语。

请放轻松！

要知道味觉本身就是一种很微妙的感受：它跟每个人的生理体质、成长环境，甚至是文化背景都有很密切的关系。在太多的因素综合影响下，让每个人对葡萄酒的体会都不尽相同，而且，完全无法确定是否能真正地、准确地形容自己的感觉。

尽管如此，品酒也跟其他体育项目一样，嗅觉和味觉都是可以锻炼的。用来表达自己的感受的语句也一样，是可以学会的。

五个重点

• 单宁：是每种葡萄酒里都必定会有的成分。根据葡萄酒颜色的不同、产地的不同和不同的发酵方法，它的含量会有所不同。在度数比较高的红葡萄酒里，有时喝着喝着会感到口燥起来，就是由它引起的。多数被叫作单宁葡萄酒的，都是陈年老酒，至少已经在酒窖里养3~5年了。

• 酸度：同时也是"凉快"的意思（凉快这个词经常会用到，却很少有人把它跟酸度联系起来），酸度，就是能让人突然一激灵的那一刹那的感觉，一直以来都是白葡萄酒所追求的重点，不过最近，部分红葡萄酒也开始朝这个方向发展了，这种刺激能让人一喝上葡萄酒就被触动心田，口感也就变得更加顺畅起来。

• 糖：利口酒、中甜酒、甜酒、半干酒、干酒，这些品种都是根据葡萄酒里的含糖量来区分的。以上这个排列就是按照含糖量从多到少的顺序排列的，也就是说，干白葡萄酒意味着它的含糖量非常少。

• 果香：这是一个经常会被混淆的概念。口语中，常常把"果香"当成了"甜味儿"。在一瓶干白葡萄酒里，我们完全可能会喝出柚子或是樱桃的果香，但是它却几乎没有什么糖分。总之，只要记得"果香"就是来自"水果的香气"就好了，这也不是什么太难的事。

• 酒精：葡萄酒，不管是什么品种，一定都是带度数的。酒精对于葡萄酒来说，好比抚摸，如果力度刚刚好，那很暖人；如果太强，让人难受。

最简单的 = 最佳的

在餐馆里点酒或是去葡萄酒专卖店里买酒，没必要用那些特别矫情的词汇去描述自己的喜好。真的是越简单越好，直接跟对方报出自己的预算，大致描绘一下自己或是要送的人的偏好，还有就是想要在什么场合下喝这些酒，或是需要跟什么菜搭配等就可以了。

还有一种办法呢，就是给对方讲个故事！比方说，你特别喜欢黑树莓的香气，至今还记得当年跟祖父一起去林子里散步时闻到的那股清甜。这样的话，侍酒师或品酒师就会很容易帮你找到一款那个类型的酒，然后请记好前面那五点，基本就不会搞错了。

再加几点

　　以下这类常用术语呢，可以用来补充和丰富之前那几个要点。当形容一瓶葡萄酒"fûté"时，不是说它有多么"灵通"，而是有一股腐桶的臭味。"coulant"的本意是流，一直流（液体）的意思，这时候代表葡萄酒的口感滑润，很容易入口。跟一种生菜同名的"mâche"的意思呢，意味着这是一瓶比较厚重、单宁含量较高的酒。而"empyreumatique"就跟它本意一样，焦臭的，只能是越来越刺鼻，想象一下，烧着了的汽车轮胎的味道。很呛的那种，真的很难闻。"cru"，一瓶"原味"酒的意思，常常代表的是它的丝滑感，像树液那样的油滑，它给人的感觉像是糖浆的样子。"vineux"经常会用于香槟酒，意思是酒香浓郁。其他还有一些呢，真的是非常专业的术语了，比

如会用到"它有大腿""漂亮的酒裙""很有肉感""很上口""很生脆""很丰满"，"很有劲""会炸开"等。这些词汇的画面感简直太直观了。总之，要记住，如果葡萄酒也是一种语言的话，那最重要的还是要对方听得懂自己在讲什么，打比方没什么不好，但是差不多就行了。

组合在一起

　　从现在开始，轮到你们来组合那五个要点，单独的或是重叠的。应该完全没障碍了吧！真的吗？所有的葡萄酒都行吗？我的回答是肯定的！最多再加上点平时常用的词儿。如果是吃鱼的话，可以点一瓶带果味的干白葡萄酒；如果吃白肉的话，点一瓶有香料味道的单宁红葡萄酒就很不错。

二

如何挑选
葡萄酒

什么样的酒叫好酒？

通常，跟政治差不多，一提到这个问题，最好就是能让你认为一切大同。可是，事实要复杂得多，并没有什么大同可言。当然，如何分辨一瓶葡萄酒的好坏也没那么难。别紧张，让我们一起来看看。

倒着想想

一瓶不好喝的葡萄酒，说明它在一处或多处地方发生了意外和错误。可能是瓶塞不同程度的变质受损，可能是遇到污染了，也有可能是发酵时或是在储存保管时出了差错。这样的酒会涩、会酸、还会有臭袜子味儿，或者诚实一点地讲，根本就是单宁过高。如果你感觉它过期了、浅薄、难闻，那就不要疑虑了，它一定是坏了！按照这个逻辑，一瓶好酒就没有以上这些缺点吗？对，但不止这些。一瓶好葡萄酒如果没有好好开酒盛酒，如果没有正好的酒温，或是跟菜肴不搭，都会适得其反。不信的话，你去试试喝口黄苏玳，再嚼粒绿橄榄。

标准繁多

有人认为只有有机葡萄酒才是好酒；有人觉得贴着够牛的商标才算好酒；也有人看重性价比，跟酒农死磕到底；还有一种是你的岳父大人觉得是好酒，那就是好酒。可是，葡萄酒的好坏却是因人而异的。一瓶理论上很好的葡萄酒，不一定是你喜欢的。跟商标等级什么的都没关系，它首先必须得让你喝得高兴才行。尽管它没名气，但是偏偏你喜欢？那就足够了。给爱好葡萄酒新人的一个最好的建议就是：喝！尝了才能知道好不好。喝得越多越好，这样才能知道自己喜欢什么样的酒，你喝过的酒才是你最好的购酒指南。一瓶好葡萄酒就是一瓶让你喜欢的酒，没别的。

什么价格的酒一定是好酒？

51 当你站在琳琅满目、各种价位的葡萄酒货架前，懵了。要如何知道自己买的对不对，在征求专业人士意见前，有这么几点应该事先知道。

不要少于4欧元

把这个定为选购葡萄酒的起价吧。为什么？因为低于这个价格，是很难酿得出一瓶相对比较好的葡萄酒的。从葡萄到葡萄酒，这个过程需要花很多钱，并且每个产区的情况各异：比如在波尔多，光是城堡的取暖费、每月的车钱或油钱就比住在朗格多克，只需用自行车代步的地方贵很多。各个产区的土地税、收入税、工资等费用差别很大。尤其是各地的天气条件、地形地貌、园区生产率，更是让每种葡萄酒的价格浮动很大。

一瓶需要养上好几年的葡萄酒，肯定比当年出产的酒要贵。同样，一瓶中甜晚收葡萄酒，它的产量小，制作风险又大，当然要比一瓶干葡萄酒的价格高很多。

如何知道自己买的"刚刚好呢"？

问问自己以下几个内容：
- 是有机葡萄酒吗？
- 是产量较少的葡萄酒吗？
- 有没有经过养酒过程？
- 是晚收酒吗？
- 是特殊发酵的吗？
- 是名产区的吗？是名品吗？

以上问题，每答"是"一次，酒价就会增高一档。所以只要知道自己想要的是什么酒，对价格自然也就有谱了。

既然如此，买啥呢？

- 4~8欧元，味道单一，比较容易入口的葡萄酒，产地多半是朗格多克、卢瓦河谷和法国西南地区。

- 8~15欧元，有很多选择，几乎覆盖了法国境内的全部产区。既能找到无名好酒，也能找到有点名气的葡萄酒。

- 15~50欧元，这个价位开始，已经能够买到比较上档次的陈年葡萄酒了，或是比较特殊、少见的品种和有名头的酒了。比如说，只有在这个价位段才能买得到香槟。为什么买不到4欧元的香槟酒？因为那是根本办不到的。酿制香槟酒的葡萄一般每千克的价格是7欧元。一瓶香槟酒所需葡萄大约1.2千克。在这个基础上还得加上装瓶所需要的所有费用（酒塞、酒瓶、酒盖和外包装），每瓶香槟酒需要静置至少18个月，再加上各种税金、广告、利润……

- 50欧元以上的葡萄酒，奢华、温润，至少，这是我们希望的那样的。百元以上的或是上千元以上的？从本质上讲，没有任何一瓶葡萄酒值这么多钱：当葡萄酒的价格高出常理时，我们买的已经不仅仅是酒了，而是它的名气，这个，是需要知道的。

超市、专卖店、网店，哪里买酒更实惠？

当然是在大型超市里的葡萄酒品种多而且各种价位都有。但是呢，一个好的品酒师是可以给选购者提供一些参考和帮助的。网上购买呢，则更加便宜，现在有越来越多的葡萄酒专卖网站。

不同渠道购买的葡萄酒有什么不同？

一样，但也不一样。专柜、超市和网店，完全有可能会卖同一款酒，尤其是大家都会选择卖一些比较有名气的葡萄酒来吸引顾客。一般来说，大型超市和连锁葡萄酒专卖店会跟中型和大型规模的酒农、供酒商合作，他们会选择一些基本款：味道比较适中、口感滑顺，从某种意义上讲，比较有保障的香型。而一个独立专营店呢，推荐的多数会是一些有针对性的，有个性的酒。当然，光这么单纯地仅仅按照供应量的大小来划分似乎有些过于简单化了：不过，可以相信的是，不是说那些产酒量大的就一定是恶霸式的工业化酒厂，就是只会吃掉所有小型酒庄的大坏蛋；同样，小众也不代表就一定能酿出好酒来，只有在特意想去挑选一些与众不同的酒的时候，才会偏向于这类小酒庄。

大型超市还是葡萄酒专卖店？

在一家独立葡萄酒专卖店里，会提供很多种类的葡萄酒，而且有可能是一些不按常理出牌反传统式的葡萄酒：它可能是一些很少见的酒庄，还未被大众所知的酒农，纯人工酿制，天然葡萄酒。独立自主，是这类酒铺里的品酒师所追求的重点，而更加人性化的服务就是它的优点了。他会告诉你，不是每瓶蒙巴兹亚克（monbazillac）都不值得一提，细化起来，这是一个很有必要了解的酒种。当然，这类酒商具有比

那些大型经销商更强的冒险精神，他们会经营一些还没有名气的酒。一个好的品酒师应该非常了解他卖的酒及合作的酒农，他能解释得明白，也能推荐得很到位，你喜欢八卦小道新闻，没问题，他都能聊得起来。总之，一个好的品酒师，就是葡萄酒界的星探。

网上呢？

葡萄酒专卖店、大型超市、各地酒农、各种促销活动、拍卖会，这些葡萄酒经销商除了实体店，都有自己的网络销售平台。

网购小贴士：

• 对比价格：同一款葡萄酒在不同的网站上会有很大的差价。如果价格特别低的话，必须得警惕一下，如果价格高得离谱，也没必要充大头。

• 一定要看清楚邮费：有时候会有包邮活动，送货、收货方式也最好要注意一下，各家运输公司之间的区别很大。

• 看清楚售后服务条例，比如一旦出现破损情况，是否有保险服务？或是遇到瓶塞发霉等意外状况时，可有补偿等？

• 各网站的好评度也是需要关注的，是否可靠，按时送货等。

葡萄酒"订阅箱"

这是现在越来越流行的一种做法，每个月都会收到一箱主题葡萄酒。在各个网站推荐的葡萄酒中，有的可能非常值得一试，这是一种很好的认识更多葡萄酒的方法，但是也有可能是价格非常昂贵却没有什么特别之处。如果你觉得这种"拎包入住"的办法比较适合自己的需要，那就先试一个月再说。一个好的葡萄酒主题订阅箱里，除了有酒以外，还应该有对每种产品的详细说明介绍，这样，喝酒的同时，至少还能学些东西。

葡萄酒专营店是不是比其他地方贵呢？

一般大家都会认为在专卖店里不可能买到比较便宜的酒，可事实却并非如此。

当然，葡萄酒也不能脱俗，它贵有贵的理由。但是，一个好的品酒师是会给客人推荐一些价格幅度比较大的，既有一些是平时喝的，也有一些是更适合某种特殊场合的。另外，新兴的纸盒酒也是很不错的，既能节省费用还环保。

如何做到慧眼识酒商，而且不动声色？

54

如何才能找到一位称心的品酒师，那个让人会一直想去见他，不仅仅只是因为他卖的酒好喝，更因为他总能把人引到关键的点子上，这样的人是不是很难找到呢？万一没那么难呢？可以看看以下几个建议……

贴心暖人

一个专业品酒师首先得有一定程度的葡萄酒专业知识，对其推荐的葡萄酒有很完整的了解。但是作为一个优秀的品酒师，他还需要能够懂得倾听客人的需求，理解顾客心理，这才是区分两者之间的重点所在。我们没必要非得跟他交朋友，但这样可以增进大家的交流。总之，一个好的品酒师，他应该能根据你上次买的酒，为你选出刚好是这次你想要的酒。

会教，不骄

不过就是去买瓶酒罢了，谁想去听长篇大论，还越听越觉得自己蠢得像条死去的石斑鱼？没人！你遇到的品酒师，他能耐心地跟你聊会儿，不会硬要你买他的酒，相反，只是跟你推荐，会跟你解释为什么他选了这瓶而不是那瓶酒吗？他尊重你的预算和喜好，即使你不爱把白葡萄酒和鱼搭一起，他还是会尽量为你找到一瓶恰当的红葡萄酒吗？他会经常更新店里的产品，避免让你感到无聊吗？如果答案是"是"的话，那你中奖了！

跟踪追寻

网络论坛、博客还有专业杂志都会定期推荐一些侍酒师/品酒师。干吗不直接跟酒农打听打听呢，他们对跟自己合作的人都有一个明确的看法。如果你搬家了，那就请原来的品酒师再推荐一个。

可以相信口碑，听人介绍，一个好的品酒师对于他的客人来讲，是很难得的，所以大家都不会轻易忘记他。

独立酒庄还是合作社酒厂？

要是想故弄玄虚的话，就根本不应该写这一章。直接"枪毙"合作社这种反正没有什么好酒的地方？可是这么做，着实有点儿不公平，即便合作社里的酒真不是那么好。那自主的酒庄就一定都是酒神酿的酒吗？这么说也有点夸张。

合作社酒厂，难喝极了

从合作社酒厂里买的那种极难喝的散装酒，然后被灌到了塑料瓶里的葡萄酒，都是过去的事了。最开始，合作社的成立是出于给各个小酒庄提供一个可以共同储存、交易的平台，参加合作社的成员需要遵守合作社内部统一的酿制规定。现在，这种形式也有很大的改进，比如会建议酒农们做一些更有个性的"特酿"。而原来的那种专门靠做低价酒充斥市场的做法已经不再继续。所以也不能用偏见的眼光来看待，是有一些成员多达数百以上的大型合作社酒厂，但也还是有一些小型合作社最多有十几户酒农。它的优点是什么呢？就是不会出错，因为每个步骤的检验标准都非常严格，而且，毕竟它的价格低廉。况且，还是有些特酿是值得购买的。

独立酒庄，全体够牛

好像也不是。到底是用什么来区分哪家是好酒农，哪家酒农不好的呢？就跟如何定义一个好猎人一样——这个玩笑好像有点跑题了。一个独立酒农，他需要照顾打理葡萄园、酒窖、销售，从酿酒到售酒他都得一个人干，这不是所有人都能做到的。葡萄地面积小并不代表就能酿出好酒，独立酒农并不能100%保证出好酒。作为消费者，我们只能靠打听他的葡萄是怎么种的，采用的是哪种方法酿制的，还有就是，如果在条件允许的情况下，亲自去葡萄园地里看一看！产区大小、产酒过程，外加酒农本身也各自为政，这些因素都让葡萄酒评估变得复杂起来。

独立酒农，是受保护的

准确地说，独立酒农联合工会是1978年成立的。它的作用是什么？维权和推广。当然，要加入这个组织是需要符合条件的：用自家葡萄酿酒，在自家酒窖养酒，装瓶，自行负责销售。这些年来，独立酒农联合工会定期组织举办竞赛、展销会，还新建了一个独立酒农联合的直销网站。在法国，大约有7000户酒农加入了这个联合工会。

你所应该知道的关于酒标里的全部内容

56

在法国，葡萄酒的商标标签管理非常严格，不能随便撰写标签里的内容：标签上的内容必须和产品本身完全一致，否则会受到罚款，甚至监禁的处罚。其中有些条目是必须注明的，有些条目可以选择添加。

必须注明的条目

• 商业类型和产品类型：例如，AOP（原产地保护葡萄酒），AOC（原产地命名葡萄酒），IGP（地理标志保护葡萄酒），地区葡萄酒或法国葡萄酒。产品类型：起泡酒、半起泡酒等。

• 产地：在商业类型的基础上，注明葡萄酒生产国。

• 酒精含量。

• 体积。

• 分装酒瓶这道工序有可能不是酒农亲自做的。"在城堡里"（au château），代表是在制酒的地方进行的；而"在私宅"（à la propriété）的

意思是几个产品在同一组里。

• 产品批号，可以确保对同一时间生产出的酒有迹可循。

• 过敏源：含有亚硫酸盐，这一条几乎所有的酒标上都会有。从2012年起，如果含有牛奶和鸡蛋的成分也必须注明。

• 公共卫生安全告示：那个著名的孕妇图是一定得有的，目的是为了让大家注意怀孕期间不宜饮酒。

• 含糖量：气泡酒和起泡酒里必须注明。其他品种酒任意，但是有规定。

除了产品批号和过敏源，其他所有必有条目必须同时印在同一张标签上。

可不在商标上注明，一旦注明，必须按照规定执行

• 年份和葡萄品种。

• 橡木桶陈酿：这条只能用在那些真的是经过橡木桶里养酒过程的葡萄酒，而使用合成木质桶或木条桶的酒则禁止使用。

• 只有已经注有AOP或AOC的葡萄酒上才有资格加上"酒庄"的字样。

古老的葡萄树这项呢？

准予使用，但无规定。酒农可以自己选择是否要添加这一项：业内盛传越有年头的葡萄树越能酿出更醇更好的酒，这当然是一个很好的卖点。不过可以问一下酒农，他用的如果是25年以下的葡萄树，却也这么写在标签上的话，那就是骗人了。

一级酒庄、特级酒庄、列级酒庄，你不是要名庄吗？看，都在酒标里了！

在香槟省，指的是产酒区板块，把生产酒的村庄划分成了一级酒庄、特级酒庄。

在勃艮第省，这种叫法更接近于超级AOP，也就是在原有的符合AOP标准上还得遵守其他附加规定。

在波尔多省，是排行的意思。有的可以重新排行，有的排行榜是固定的。

在普罗旺斯省，始于1955年，是世界上唯一把桃红葡萄酒这么叫的地方。

MIS EN BOUTEILLE
CHATEAU ROUGE

% M

RGA

当商标变成了艺术创作

除了以上规定内容外，剩下的就由每个酒农来发挥各自的想象力了。有人请专业人士设计，也有人更愿意用自家孩子的涂鸦，或是保持一贯的低调风格，反正这些都是用来吸引顾客的。人们常说不能单单以貌取人，对于葡萄酒也一样，不应该看商标选酒，不过，还是跟自己诚实一点吧，我们谁都会根据商标的好看与否，是否贵重，来选择葡萄酒，这种人性的弱点，也给了部分酒商会利用文字游戏来偷换概念的机会。

与众不同，肯定会引起尖叫的

葡萄酒，在品尝它的味道之前，总是得先被看到才行。感到震惊？这样没什么不对啊！

总会有些既保守又顽固的人，看到某些葡萄酒的商标设计时，要么不屑到会打哈欠，要么会大呼不要。可是，有些酒农就是想用一些挺丑的画做商标，那又能怎么样，难道要去禁止他吗？不要忘了，葡萄酒的真理是在酒瓶里，而不是在酒瓶外。如果它的商标能把你逗乐或是让你讨厌，说明它已经达到了它的目的。对于这些酒农来讲，这样的选择也是种双重考验：万一那瓶酒不好喝的话，会被人记得很久的。

如何看懂酒单，也就是如何在餐馆选酒？

58

要么特短，要么极简，要么很长很长，甚至是很神秘：要想看得懂酒单，一般来讲都有点困难。可其实呢，只要稍微习惯了，读酒单会是一件很舒服的事情，有点像品酒的前奏，能让人远离各种负面情绪。

找到参照！

现在越来越多的餐馆都有自己的网站了，即便上面没有完整版酒单，也至少能看个大概。跟看菜单一样，也要关注一下它的酒单，总之，看看他们会推荐哪些酒。这样事先准备好，会让你在叫酒时心里有底。当然最好还是不要有自卑感，有太多人搞不清楚法国人的这些叫法了，可这并不会影响他们仍然喜爱葡萄酒。

找到想要的

一般餐馆里，除非是特殊简洁的介绍，不然每份酒单里都会有两种分类：一种按葡萄酒的颜色分，一种按葡萄酒的产地分。有时，还会有一些简单的注解，比如"果香干白葡萄酒""有个性的红葡萄酒"。通常，侍应生会在菜单后面上酒单，但是你也完全可以要求先看酒单。

欢迎提问

餐厅里负责管酒的侍酒师/品酒师，就是干这个的，你只要给他几个要点，他就应该可以挑出你想要的酒了。用最简单的词来形容你心里最好的酒或是最糟糕的那款，给他举一些例子。接着告诉他你的预算：最贵的不见得是最好的。完全可以试试那些没名儿的酒，即使你的预算不是特别宽裕的话，也还是能

淘到一些新兴酒园或是一些小众品牌的好酒。

暂时先忘记酒与菜的完美搭配规则

记住，绝对的完美搭配是不存在的。我们只能尽量接近它：要想每道菜都配上相应的葡萄酒，如果只是两个人一起去吃饭的话，那是很难做到的。这也是为什么可以接受按杯卖的葡萄酒。越来越多的餐馆开始这样做了，这样一来，一方面能够品尝到更多种葡萄酒，同时，也能更好地品尝菜式。然后，要是真的有特别喜欢的酒，谁也不会拦着你再买它一整瓶。

你当然有权只买一瓶酒，即便它不能跟所有道菜都搭配得很好。总是能找到妥协的：比如一瓶浓郁香型的白葡萄酒配肉或是鱼都是可以的。无论选了什么酒，它的颜色如何，价格高低，最重要的是你自己的感受！

要以自己的口味为主，即便侍酒师看到你点了红葡萄酒配奶酪会在旁边撇嘴。不要忘了，他的任务是帮助引导你选择，而不是规定你必须选什么。

忘掉酒单！

有些餐馆里，是由老板或侍酒师亲自来给你推荐不在酒单里的酒，菜要一道一道吃，推荐的酒也会相应改变。还有一些餐馆会索性提供带酒的套餐。不然要是你自己带酒呢？在付完"酒塞费"后，你就可以好好享受那瓶马和塞乐叔叔留给你的陈年好酒了。

总之，一份好的酒单意味着它要具备准确性，经常更新、多样，它也必须符合餐馆的菜式。

以下是酒单上必须注明的内容：

- 容量
- 含税价
- 商业类型和品牌名称

如果上面还有制酒商的名字、特酿的名称、年份的话更好。有一些酒单上还会注明制酒方法，是有机葡萄酒还是有机动力酒。如果侍应生拿来的酒跟酒单上的描述不一致，你也完全可以拒绝接受。

当我们谈起红酒，我们在说些什么？

选择"桌上酒"还是"AOP"？

关于葡萄酒的商业类型的叫法，"称谓"，是一个很复杂的讨论课题：它究竟起什么作用？可否把它看作是100%的依据？它能带来什么样的保证？要知道，从最早的一批标有AOC的葡萄酒，那是在20世纪30年代末期，到今天这个"等级制度"已经有了很大的变化。这样做就更好吗？还得就事论事才行。

不同称谓

原产地命名（AOC）和原产地保护（AOP）之间的区别很简单，后者AOP是欧盟认证的，而前者AOC，仅限于本国内认证，它是通向AOP的前一个步骤。同样，地区保护（IGP）是通过了欧盟认证，它将逐渐取代法国本土内的叫法"Vin de pays"（地方保护葡萄酒）。再接下来的，就是没有这些认证的产品，无地方保护葡萄酒（VSIG）了，以前叫"Vin de table"（桌上酒/日常酒），现在被称作"Vin de France"（法国葡萄酒）。

超级管理机构

INAO，法国国家原产地和质量监督总局不仅负责AOC、AOP、IGP等地域名称的维护，而且还担负着特色传统保证（STG）、红色商标（LR）和有机农业商标（AB）的监督和管理。其中，涉及364种葡萄酒及蒸馏酒，包含了法国产酒总量的80%的产品，占葡萄种植总面积的59.8%。AOP的称谓逐年有变：最近一次，卡莱纳（cairanne），由原来的"罗纳河谷卡莱纳"改称为"AOP卡莱纳"。

原产地/地名商标保护法

法国国家原产地和质量监督总局（INAO）是法国农业部的一个下属机构。由酒农委员会组织"维权管理协会（ODG）"（其前身为酒农联合会）拟定并向其提供申请地名保护条件，其中包括种植面积许可、葡萄品种许可、酿酒工艺许可、单独许可或附加许可，等等。所谓原产地保护，不仅仅是对葡萄酒产地的地名作为商标的保护，也是对这个类型葡萄酒的质量的保护。从这个角度看，它的存在，是件好事。与此同时，该规定分别由专门的监督（OI）和监管（OC）机关执行。其目的是跟维权委员会（ODG）分开工作。也就是说，ODG"立法"；而OI/OC"执法"。

有时也会"出轨"

这个保护法的制度有时也会走歪：现在这个组织中不像以前有那么多有名气的酒农参加了，从前，他们才是推动地名商标保护法的动力，而今，他们主动或被动地退出了这个地名保护系统。当然，当他们的高品质葡萄酒正在面临着被"降级/贬低"，被叫成"法国葡萄酒"时，心里肯定很难高兴起来。要知道，这些以前被叫作"日常酒"的葡萄酒，就是杂七杂八所有葡萄酒的统称。对于部分酒农来讲，幸亏现在换成了"法国葡萄酒"。不过，不加入AOP的好处是，让他们有更大的自由发展空间，比如在选择酿酒葡萄品种上，远古型葡萄并不被AOP认可，退出这个称谓，反倒可以酿自己想酿的酒了。也就是说，一瓶标有最低级别的葡萄酒，很有可能是一瓶拥有悠久历史的葡萄酒。同样，一瓶贴着特级葡萄酒商标的

酒，也许仅仅刚能达到及格水平。

那，是不是要索性放弃AOP呢?

单就葡萄酒销售来讲，一瓶没有AOP标签的葡萄酒，是很难进入某类市场的。即便你是一个再好的酒农，是葡萄园里的杜康，对葡萄酒充满了激情，不怕挑战，但是也必须考虑到现实生活中的困难，好比巧媳妇难为无米之炊啊。

说真的，当你尽心尽力地在葡萄地里干了一整年，然后继续泡在酒窖里若干年，最后有人告诉你，你的酒不符合规定标准，没法填表申请时，会有哪个人不难受呢。

如何评判?

大家都应该记住的一点就是，不管是什么级别的叫法或是牌子，这些只是个参考，它的意思是这瓶葡萄酒的确是在这个地方酿制的，而且符合这类型葡萄酒的标准。但是，却无法用来保证这瓶酒的味道。所以大家在选择酒的时候，除了看商标，还可以多问问，索性不要去理会那些等级不等级的。说到底！如果你觉得喝的那瓶日常酒能让你爽歪了，干吗非得买那瓶让你感觉像是吃到了一个臭青口贝的AOC呢。

关于酒塞的那点事儿：天然软木塞、合成塞还是螺旋塞？

62 使用软木塞可不是今天才有的事，最早出现的软木塞可以追溯到公元前5世纪，是一种天然制品、有一定软度，稍许透气但又不会过度。

软木塞，更有质，更有颜？

那倒不一定。尽管橡木塞是天然产品，但是它却有一个不容忽略的严重缺陷：它会有一股灰尘、霉菌的味道，有时真的会发霉。这是因为有一种叫三氯苯甲醚（TCA）的微生真菌，它是软木的主要污染源。除它以外，还有四氯苯甲醚（teCA）和三溴苯甲醚（TBA）两种真菌也会不同程度地破坏软木塞。这些空气中的感染源通常是由于木材处理不当而引起的，也就是说，跟制酒环境质量有关。尽管发生这种情况不是很多，但是哪里生产的软木塞都有可能遭到污染，这跟软木塞本身的质量并没有什么关系。

为了防止和消除TCA，通常都会对软木塞进行清洗工作：但是效果并不理想，即使经过过氧化氢或过氧乙酸来消毒（现在已经基本禁止使用漂白水了），还是会有被污染的可能。

塑料，好料？

为了避免这种由于酒塞发霉而导致整瓶酒全部废掉的情况，人们想出了很多种用人工合成材料来制作葡萄酒瓶塞，比如有机甘蔗。那么问题是否解决了呢？不尽然：因为在使用这种酒塞时，养酒过程中会出现不同程度的氧化反应，所以无法保证未来成酒的

质量。至今没有人能够确切知道养酒期间究竟发生了什么，现有的一些实验结果也是互相矛盾：该类瓶塞用在价格较低，而且无须长时间保存的葡萄酒种类中，这倒不妨是一个防止出现酒塞霉味儿的最简单的办法。

螺旋帽儿？

盖子型瓶塞，根据不同工艺制作的螺旋槽连接部分是有可渗透性这一特质的，它可以在一定程度上微量供氧。不过这种瓶塞，大多数人很不屑一顾，因为着实让人觉得很土。可这实际上是很遗憾的，因为对于大部分葡萄酒来讲，包括那些陈酒，它的确能有效防止木塞发霉。所以，用不用它，还在于心理战术。同类瓶塞里，还有用玻璃材质的，不过相对来说，价格比较昂贵，还没有完全推广开来。

要求项目繁多

没有哪一种瓶塞是能够完全符合所有类型的葡萄酒的。但是，一个瓶塞必须要做到以下几点：

• 防止异味：除了在装瓶之前葡萄酒就已经被污染了，不然，人工合成、玻璃和螺旋塞都能完全避免木塞发霉，而软木塞则无法保证葡萄酒100%不被污染；

• 存放：软木塞、合成塞还有螺旋塞，不同材质的瓶塞对葡萄酒的演变影响都是不同的；

• 环保：一方面，橡木塞制造业宣称这是一种保

有没有别的选择呢？

• 新款产品：Diam（楔母塞），是将橡木塞压碎成末，去掉TCA后再重新组合成的。这种酒塞也有一个弊病就是，重新组合时所用的胶水可能会对葡萄酒有影响。

• Hélix（艾力克斯），一种用橡木和玻璃混合塞（盖），它可以容易地用来开、盖酒瓶，但解决不了TCA或木塞发霉的问题，但至少还可以继续卖橡木（那些有毒舌的人肯定会这么说的）。

护森林资源，释放污染最低的工业形式。另一方面，生产合成、玻璃及螺旋塞的厂家认为自己在处理二氧化碳排放和原材料回收的方面做得更好；

• 美观：尽管是个次要问题；

• 价格：每种类型之间的价格差距非常大；

• 习俗：要知道橡木塞开瓶器的专利是在1795年就有了的，难怪对于很多人来说，在他人面前拧开一瓶带盖儿的葡萄酒，挺没面子的。

关于包装的那点事儿：瓶装还是盒装？

"怎么能喝纸盒装的葡萄酒啊，太没品位了，最好得选私家装瓶的，远古葡萄品种，橡木桶里养酒的，城堡专储才行！"——这些都是那些自诩是葡萄酒专家的人的单曲循环夸夸其谈吧，可以请他们闭嘴了！

盒装酒，装得好！

当然，这得很清楚自己买的是什么酒：它是否软润、容易入口，不是用来作为保存的葡萄酒？如果答案是"是"，那很好！这种包装的容量从2升到10升的都有，选择很多。

大家对纸盒装酒的偏见，大部分是因为只有在大型（廉价）超市里才能见到有卖这种包装的葡萄酒，而且人们认为这都是用来装桃红葡萄酒的，而桃红葡萄酒又常常会被贴上"大批量生产""只配做露营时喝的酒""穷人喝的酒"的标签。

可是，盒装酒：

• 首先是方便，不需要开瓶器；

• 然后是安全，你们中间谁要是被旋塞扎伤了，请写信详细告诉我，我很感兴趣；

• 接着是轻便，易存；

• 并且价格便宜；

• 同时环保：需要的原材料相对较少，可以回收再利用，更轻，所以运输费用更少，总结下来，二氧化碳排放量会是最少的；

• 况且它能很好地防止葡萄酒的被氧化反应，很好保存；

• 最重要的是它不比装在瓶中的葡萄酒差什么，很多时候，根本就是一样的！

• 所以，完全没必要不好意思把它摆到桌上，何况有些包装设计得非常出色。

那，瓶装的呢？

最常见款750毫升的瓶装酒，开始被更大容量的酒瓶取代：更适合很多人在一起品尝或是超级能喝的人，也有人认为这种大码瓶子更加适合养酒。相反，市面上小容量酒瓶越来越少，不过没关系，真空酒泵能够解决只想每次喝一杯的问题，它能保证葡萄酒在数天内不会变质。

香槟酒还是汽酒？一场错误的争论！

65

香槟酒肯定比汽酒贵些。所以才会被推荐买汽酒，不过，不要再把它们放在一起比较了！汽酒里的泡沫是另一种泡沫，尽管它跟香槟酒的酿制工艺是一样的，但是不同的产区、不同的酿酒葡萄品种，导致它们根本不是同一种酒，当然味道也完全不同。

工艺相同

将几种不同年份或相同年份的葡萄酒混合，装瓶时加入利口酒增加甜度，在酒瓶内开始第二次发酵，正因为如此，它们的泡沫才会和其他种类的不同。接下来，汽酒和香槟酒都是分别被放在酒窖里静养，养酒的时间长短，得酒农自己来决定，就看他想要什么样的成酒、什么样的叫法和酒型了。没错，香槟酒和汽酒的酿制工艺完全相同，但是最后的结果却是完全不一样的：有点像把同一条裙子，穿在不同体型、不同发色、不同瞳色和不同肤色的女人身上一样，最后每个女人都不是一个样子，尽管她们穿着同一条裙子。因此，葡萄产区的不同、酿制葡萄品种的不同、酒窖静养的时间长短不同等因素让此类酒的品种变得丰富起来。

香槟酒就是香槟的（汽）酒

在香槟产区，品牌意识与其质量成正比。正因为混合不同年份的葡萄酒是制造香槟酒的基础，所以才会有"无年份天然香槟酒"（BSA）的这种叫法，所以用它来表示入门级香槟酒。接下来，名牌香槟、独立香槟酒农、年份特酿、罕见葡萄品种等，有很多选择。在这片神奇的土地上有很多十分有才华的酒农，他们能够酿制出极其令人称赞的好酒。

所有人都会告诉你，只有（在）香槟（地区）才有香槟酒！香槟地区葡萄酒多行业委员会（CIVC）为了保护地名法做了很多事情，对盗版及非法使用香槟品牌进行严格监督管理，香槟的酒业是这个地区最值得骄傲和维护的产业。

此汽酒，非彼汽酒

阿尔萨斯汽酒是其中一款知名度最高、销售量最大的汽酒。不过，你知道吗，在勃艮第、卢瓦河地区、利穆、蒂（Die）、波尔多、汝拉地区也都有各自的起泡酒，尤其最近在萨瓦地区也开始有这种酒了。这些地区的起泡酒比较大众化，价格相对便宜，而且名气不大，但是它的种类繁多，风格各异。白色或桃红色，偏甜或比较有矿物质感，其中部分汽酒根本就是起泡酒里的战斗机。就一个建议，好好找找，不要被原有的条条框框绑死，去发现它！

总而言之，不要再把汽酒和香槟酒对立起来了，非得给它们排出个名次来。每款酒的品质才是区分它们的唯一标准。按个人所需挑选它的类型、价格和味道就可以了。

纯酿、超纯酿、半甘醇，都是啥意思？

在挑选香槟酒时，是不是都会觉得自己脑袋里在咕噜咕噜地冒气：到底是纯酿还是半甘醇呢？要是标签上再加上"天然纯酿"或是"零加糖"，要是再看到"未加糖"这种最近特别流行的新词儿，就更崩溃了！好吧，来一起记住以下几个要点就不会出错了。

这些叫法都是从哪儿来的？

还记得关于香槟酒酿制工艺的那一章吧，为了避免瓶内沉淀，摆放香槟酒的架子是比较特殊的，"小头（瓶口）朝下"。这样，在养酒的过程中，所有的沉淀物都会集中在瓶口处，接下来只要一点一点取掉沉渣或是采取速冻方法除去杂质就可以了。这种做法会让瓶里的酒或多或少有部分流失，所以会再加进去一些原酒：这样就出现了未来成酒的那些叫法。

什么是原酒兑入？

原酒，就是一开始用来酿制香槟酒的混合葡萄酒。原酒兑入，就是原酒掺糖，糖量的多少，根据想要得到什么样的成酒，含糖量如下：
- extra-brut：超纯酿，0~6克/升
- brut：纯酿，少于12克/升
- demi-sec：半甘醇，32~50克/升

- doux：甜甘醇，大于50克/升

还有extra-dry，超甘醇，每升含糖量在12~17克，而sec，甘醇，每升含糖量则在17~32克。

至于"未加糖""天然纯酿"或"零加糖"，含糖量每升少于3克。

怎么选呢？

主要是看什么时候喝和搭配哪种菜了：是做餐前酒呢，还是在正餐时喝的？理论上讲，每款香槟酒里的含糖量不过只有几克的区别，但这却是每个香槟酒农的智慧与才能的浓缩。年份特酿、白中白，每款香槟酒的原酒兑入量都是不同的。无糖款并不一定很烈，而纯酿可能会让你醉倒，所以，只有一个办法，就是尝过再说。其中，含糖量较少的适合头道菜；半甘醇或是甜甘醇则更容易搭配正餐后的甜品，当然，哪怕是单独品用，它们的味道也是相当令人心醉的。

去酒庄实地品尝，有用吗？值不值得去？

67

要是大家正好有机会去葡萄酒产区附近的旅行计划，或是正巧你住的地方离产酒地很近的话，那么，请大家一定要专程去拜访一两个酒农看看！如果是真爱葡萄酒的话，这是必须的一行。

为什么要走这一趟？

无论是世界排名第一的侍酒师，还是史上最了不起的专业品酒师，他们能跟你讲的，不过只是酒罢了；而酒农呢，他口中叙述的，将是整个葡萄酒的生命。在葡萄园里，跟着酒农一起在葡萄行间走一走，在观察和聊天中，你能得到的知识将会大大超出之前你花了好几年的时间在书本上所学到的东西。对于一个做好迎接你的准备的酒农来说，他会非常开心可以跟你分享他的工作。除了你能去参观他的葡萄园，听他们讲解有关酿酒和养酒以外，这还是一个能品尝到那些从未上市的酒的好机会，比如还未完全养好的酒，或许还能喝到他的镇店之宝、特酿陈酒等。所以，大家要越客气越好，越表现出对他的葡萄酒感兴趣越好，相信我，你会得到出乎意料的回报。

具体应该怎么做呢？

• 要事先约好：邮件、电话、传真，信鸽，随便什么方法都行，关键得跟他预约好。

• 去之前最好不要抽烟，也不要用太浓烈的香水之类的东西，这些气味都会扰乱到你跟他人的味觉和嗅觉。

• 准备好必要的装备：葡萄地里经常会是比较泥泞的，高跟鞋什么的，就太不方便了。酒窖里呢，又通常会比较凉而且潮湿。

• 最好不要吃东西，这样可以保证味觉的敏感度，也可以更好地体会到每味酒的奇妙所在。

• 适当地表示感谢：对方花了时间和经历来陪你参观，咱们总不能像小偷似的不打招呼就消失了。更好的做法是，回去以后书面回复对方一封感谢信。

• 必须得买酒吗？一定得记住，没有任何理由，也没有任何人规定你必须得买一瓶难喝得要死的酒回去。当然，如果一路看过来都很满意，未尝不可买瓶酒，客气一下，即便是留作纪念也好。

参观过程中

不用担心自己提的问题是不是会有点蠢，尽管提就是了。要知道，有些时候，葡萄酒专业人士"只缘身在此山中"，会忘了并非所有人都听得懂他们的专业术语的。

在法国，大部分酒庄都是提供免费参观和品尝的，不过也许其他地方不是这样的，事先打听好规定还是有必要的。

还有一个重要的小提示：在尝第一口之前，一定要先看好漱口池在哪里，省得满嘴鼓得像只小鼹鼠似的，只能用眼神四处寻找救星，这种错误犯一次就可以了。

酒展呢，去不去？

68

各种各样的葡萄酒展销会可真是越来越多了：其中有专业的、非专业的，也有媒体、博主们或是酒农们自己组织举办的，这些都不妨是一个很好的体验葡萄酒的机会。当然，事先要做好攻略，至少得做个小准备才行。

为什么要参加?

如果大家经常跟踪关于葡萄酒的新闻报道，就会知道，每场展销会都会选择同一类型（"派别"）的酒农作为主题，他们可能是有机派或是天然派，不然就是叛逆派，要不就是自主派，等等。这也就意味着，在一天内或是几小时里，你可以尝到很多种葡萄酒，同时也能见到很多酒农。想象一下这能节省多少时间和行程呢，况且，酒品展销会上的气氛也当然是好到爆的那种啦！一般来说，只需付一张很便宜的门票就可以品尝到酒会中任意一款葡萄酒。当然，每拿起杯子前，还是最好先问清楚是不是要另收费的!

如何才能过好在葡萄酒展销会的那一天

• 跟自己做好约定"一定每尝一口，都要吐出去！"如果你觉着自己酒量够大，两杯当然没问题，可要是二十杯呢？

• 越早去越好：最好一开门就去，别等到午后，那时候人太多了。一早去的话，酒农们也会更有精力接待你。

• 想着喝水，别吃面包：水洗胃，面包堵胃。

• 不要穿白色（淡色）衣服：漱酒吐酒时，难免会出现意外。

• 准备些现金：一般专柜都可以直接购买，可并不是每家都能用信用卡付账。

• 展厅入口，会有展销会活动流程和介绍，没必要弄得像专业人士似的写上一堆评论，在每款酒旁边，根据喜欢程度，注上"+""–"就可以了。

自己弄个酒窖得多少钱？存什么酒好呢？

现在你下定决心自己也弄个够暗、恒温、湿度稳定的好"酒窖"了，不然就索性买个藏酒柜，但是，往里面放些什么酒好呢？从何下手？怎么选好？

最好做到品种分配均匀

大家最容易犯的一个错误就是选择保存同一风格的葡萄酒，怎么讲呢，这样，很快就会厌倦了。

如何才能拥有更多类型的酒呢：最好从它的类型上划分，而不是从产区上分类。

• 果香型白葡萄酒，容易入口，可搭配多种菜式，如餐前酒、海鲜、鱼类、煎烤家禽等。这类酒，一般5年内都可以饮用。

• 一些比较浓郁的白葡萄酒，可以用来搭配所有以奶油为基调的菜式，像是勃艮第地区或是卢瓦河地区的部分白葡萄酒，均可以养到10年以上。

• 比较清淡的红葡萄酒，跟干白葡萄酒一样，是一款几乎可以与任何菜式混搭的类型，从餐前酒到正餐后的奶酪或是大热天请客却有人不喜欢白葡萄酒时，都可以用它。保存5年没问题。

• 那些比较厚重浓烈的红葡萄酒呢，基本上，多半都是用来储藏的。

• 几瓶桃红葡萄酒，按季节保留，一般可以留过一个夏天，要是特别喜欢呢，放两个夏天也行。

• 起泡酒：没必要留那么多，6瓶足够了，每种一瓶或同种6瓶。

• 甜葡萄酒：10年、15年，甚至是20年后，部分利口酒，像苏玳，会越来越好喝。

最好能做到常换常新

给藏酒分类：哪一部分是短期内喝的，哪些又是可以留一段时间的或是可以长时间保存的。藏酒，也就意味着要经常监管它，要是留到过期不能喝了的话，你肯定会后悔的。时不时地，最好开一瓶尝尝，这是一个最好的办法来判断是否得马上喝掉它或是还可以继续留下去。我的建议是：不如趁早。喝早了，总比喝到过期了的好！如果要购买已经有年头的陈酒，参加葡萄酒拍卖，不妨请教一下专业品酒师。

一共得放多少瓶酒呢？

各类酒之间的一个比较恰当的比例是：1/3的即喝酒，2/3的存酒，半长时间或长时间的存酒。当然，接下来就看你的耐心究竟有多久了，10年，15年，还是20年，或者比这些都短？购买存酒，最好一次买3瓶或6瓶，这样，可以随时试一瓶，看看是否要继续保留。

冷藏酒柜存酒，空间和预算肯定都会受到限制，一个质量比较有保证的酒柜，一般1000欧元起价。

送什么酒？送给谁的酒？亲近的还是生疏的？

买贵的还是买便宜的？一瓶还是多瓶？要是好几瓶的话，都买一样的，还是不一样的？是不是送红葡萄酒比较好？并不知道会跟什么菜一起喝？这种问题要多少有多少，所以还是先静一静：不管谁说什么，找到对的酒送对的人，也并不是那么难。

如果事先知道要和什么菜一起搭配的话

如果你已经提前知道都有什么菜的话，那最好听一下专业品酒师的推荐，毕竟他就是干这个的。不然呢，就准备一瓶清新凉爽的百搭款白葡萄酒，比如阿尔萨斯地区的干型雷司令，跟一瓶既容易搭配也容易入口的红葡萄酒，比如汝拉地区的普萨（poulsard）。总之，越是这种时候越要记得，无论是怎样的酒菜最搭组合，也抵不过跟朋友们度过的美好时光。没必要纠结那些侍酒师们口中的死教条。

见机行事

葡萄酒用来做礼品，预算可高可低，完全看自己钱包的情况了。根据实际情况，一开始就跟品酒师讲清楚。一瓶选得恰当的葡萄酒要比一箱不适合的酒更受欢迎。送酒最好要根据对方的喜好和平时的生活习惯：单身、伴侣、宅男、爱热闹的。一般来说，要是对方经常请客聚餐的话，可以选择多买几瓶同样的酒；要是对方属于比较有好奇心的人，可以选些不同的酒。有很多人不太喜欢白葡萄酒，实际上，挺遗憾的，因为它们拥有和红葡萄酒一样的品质。此外，既然是礼物，索性准备得有点特色，比如玩一下文字游戏，也许受礼的那个人正好跟这瓶酒的商标重名了或是标签上的某项内容能让对方联想起什么。

去谁家？送给谁？

• 送朋友：如果这是一群很活泼开朗的人，借此机会，正好可以送一瓶那种他们不会亲自去买来尝尝的酒，比如一瓶令人愉悦的密涅瓦（minervois），要不就来瓶让人无法抗拒的佛龙童（fronton），或是一瓶上等的有机梅多克（médoc），一瓶靓丽似安茹（anjou）的好酒也是不错的选择。送一些关系很亲近的朋友，一瓶裹着满满热带风情或是纯天然酒等有特色的葡萄酒，都会比送那些规规矩矩的酒要有价值得多。这样，也能为下一次聚会提供很好的话题，"怎么样？上次那瓶酒，感觉如何？"另外，要是连我们自己都非常喜欢的起泡酒，干吗不送给朋友呢？实际上真没必要把香槟酒定位到一些特别的日子

里，好像其他日子就不能喝香槟似的。所以，既然大家平常都想不起来喝它，莫不如你去买来送大伙儿。

• 送领导：还是不要冒险了。一瓶上等经典款就可以给足彼此面子，皆大欢喜。尤其凑巧对方很"懂"葡萄酒的话。要知道人家可是念过两堂葡萄酒专业培训班的，只喝商标上有注明"私邸装瓶"或是"橡木桶陈酿"字样的！这种时候，还是选一瓶波尔多或是勃艮第吧，获奖越多越好，名头越大越好。

不过说到底，一个真正喜爱葡萄酒的人，从来不敢称自己是什么专家，相反，他会很乐意品尝新

酒。所以，懂不懂酒这点事儿，也是仁者见仁，智者见智了。

• 送给心上人：欲望、喜爱还有温存？苏玳（sauterne）、蒙巴兹雅克（monbazillac）、奥旁斯山麓（côte-de-l'aubance），这些不太被人们了解的甜葡萄酒，经常会被冠上太过、太腻、太甜等标签，可事实上，它们却是非常贴心的伴侣。当你浑身放松，散开头发，躺在床上时，你会发现这类葡萄酒的魅力所在，它的结构组成，层次丰富，甜与酸的冲击，好比爱情中的那点盐。当然，这得是在已有肌肤之亲的前提下，不然还是送她／他一瓶科罗佐-艾米塔基（crozes-hermitage）就好了。

• 送长辈／伴侣的父母：这是要跟对方父母表现出自己从很小就被爸妈培养出了优雅的兴趣和高贵的品位的时候，一瓶佛莱丘（côte-du-forez）或是一瓶上好的法国摩泽尔（moselle），都会让他们不敢小觑。当然，你也可以不按套路出牌，选一款最为"普通"的日常餐酒，机智如你，肯定会找到一瓶质量超常、让人赞不绝口的酒，这样也可以让他们大吃一惊，好酒不在商标上。

当我们谈起红酒，我们在说些什么？

桃红酒，品种可多了去了！

"喝了会头疼，有股呕吐物味儿，酸，只有女人才会喝的酒，绝对难喝，不是真的葡萄酒，根本就是广告产品"——这些，都是大家经常能听到关于桃红葡萄酒的种种评价，甚至有些专业人士也这样认为。尽管如此……

当然是真葡萄酒！

它不是白葡萄酒跟红葡萄酒混合所制（除了在香槟产区，那里允许使用这种做法），而是经过一些非常特殊的工艺制成的：

• "放血"法：先将红葡萄酒进行浸渍，然后桶内让其"流血"，也就是说，在浸渍后，当红葡萄酒的颜色变得更好看的时候，取出浮在上面这一层。这样做的好处在于，还留在酒桶里的红葡萄酒会更加浓缩。而缺点呢，就是这个步骤只有经验丰富的人才能胜任，因为在这个分离过程中，不可以或是说必须要尽量避免用力过猛，不能把红葡萄酒里的单宁也都一起混进来。

• 压制法：把采来的葡萄浆果放置在压制机内，直接或间接碾压。这种方法的好处是可以更加充分地保留未来成酒中的果香和平衡度，更加容易调解和斟酌未来成酒的状态。

桃红葡萄酒可不是什么新兴产品！

世界上最早的葡萄酒，很可能就是桃红葡萄酒。那时，大量种植的葡萄品种多为红色或接近黑色，由此，不难推断出当时酿制出来的葡萄酒都是有色的，尽管颜色可能很淡，况且在酿酒技术才开始起步的年代，酿出桃红葡萄酒要比红葡萄酒容易得多了。总之，桃红葡萄酒不是在今天的圣特罗佩出现的时尚产品，它有数百年，甚至是上千年的历史了。早在现在流行前就已经开始流行了，厉害了，我的小桃红！

被谣言扼杀的酒！

• 说是只配作餐前酒饮用？不不不，完全不是。桃红葡萄酒的品种之多，以至于可以搭配上任意一道菜。无论是颜色很淡数较低的，还是色泽像糖块儿有点甜的，或是真是挺烈的各种桃红葡萄酒，都能搭出千种风情。

• 必须冰镇过才可以饮用？一瓶上好的桃红葡萄酒必须是温度在9~11℃品尝，不能高过，也不能低于这个温度。这里告诉大家一个小窍门，把它放在冰箱门上冷藏1小时左右，就刚刚可以达到这个温度。

• 桃红葡萄酒都很甜吗？不是的，大部分的桃红葡萄酒都是干型，也就是含糖量最低的类型。

• 它的价格从来不会超出10欧元？普通酿制的桃红葡萄酒，可以马上饮用的，一般在5~10欧元。那些酿制工艺相对复杂或是需要养酒过程的[有一些品种的桃红葡萄酒是非常适合保存的，比如带有塔维尔（Tavel）或利哈克（Lirac）产区专属标签的桃红葡萄酒]，则价格会比较高。

• 这是只有女人才喝的酒？就因为它的颜色而把它"妖化"为只有女人才会喝的酒？唉，要不怎么说，有些男人就是蠢呢！

桃红酒，适合所有人！

在说自己不喜欢桃红葡萄酒前，最好还是先尝尝。推荐以下几个方法选购：

• 用它来作餐前酒的时候，要选比较轻淡却又花香丰满的，比如地中海盆地产区的神索（cinsault）、卢瓦尔河产区的赤霞珠（cabernet）或是萨瓦产区的佳美（gamay）。

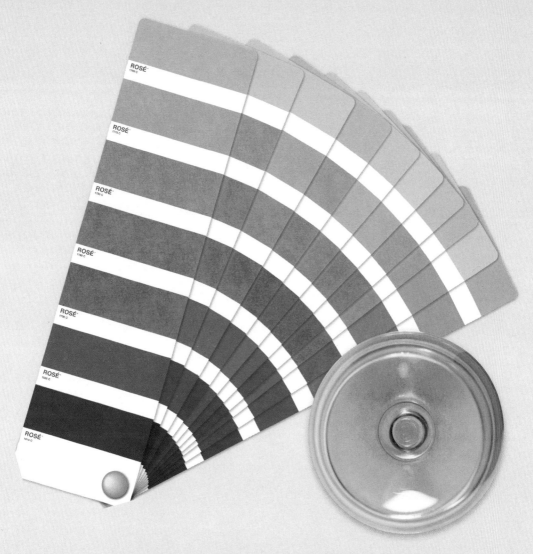

• 正餐时，则可选用那些比较肉质感的，像是罗纳河谷产区歌海娜（grenache）或是波尔多克莱蕾产区的非僧侣制酒。巴斯克产区的伊卢雷基（irouléguy），它醇香浓郁，绝对是桃红葡萄酒里的小炮弹，并且几乎百搭各式菜肴。除此之外，还有来自科西嘉岛产区的涅露秋（nielluciu）和萨卡雷洛（sciacarellu）两种酿酒葡萄品种所制成的酒，同时拥有着意式的热烈和法式的眷恋，让其堪称桃红葡萄酒中的"无敌小魔王"。

• 朗格多克（Languedoc）产区：皮克-圣鲁普（pic-saint-loup）、密涅瓦（minervois）或是密涅瓦里维尼尔（minervois-la-livinière）、拉扎克-特拉斯（terrasses-du-larzac），果香四溢、满口留香是这类桃红葡萄酒的特色。

• 普鲁旺斯（Provence）产区的慕合怀特（mourvèdre）葡萄品种酿制的：邦多尔（bandol），卡西（cassis）、巴莱特（palette），在它们那种特殊的草莓的香气中，还环绕着麝香草和鼠尾草和其他一些香料的气味的渲染，都是值得让人仔细品尝的佳酿。

• 有一些品种适合单独饮用：可以试一瓶10年以上的老邦多尔，好好地用鼻子闻一闻，享用它那蜂蜡的浓郁，蜂蜜的甜腻，杏脯的酸柔，并伴随着樱桃酒味儿……

• 还有那些甜型桃红葡萄酒：一瓶上好的安茹品丽珠，足以让人在这冷酷的世界里，尝尽甘甜。

73

三

如何品尝
葡萄酒

喝酒都需要些啥装备？

是不是自打看到你开始对葡萄酒"发烧"了，你的家人或朋友就想送给你各式各样新颖又独特的"武器"？还是先让他们都冷静一下，一起来看看以下这份清单：到底都有哪些是必需品？哪些又一定要选质量较好的？

一个侍酒型开瓶器

这里要说的不是侍酒师那个人，而是开瓶器。市面上的葡萄酒开瓶器真是五花八门什么样儿的都有，什么价格的都有。但是首先，请马上忘记那种双臂式杠杆型的爷爷款开瓶器，它根本没有想象中的那么好操作。第一，因为丑；第二，用它开酒，基本会捅破酒塞，灰尘也会随之掉进酒里。这实在不是一件什么好事情。侍酒型开瓶器，也是有很多种类、大小、价格的。这其中最好选择"双卡位"开瓶器（又称海马刀）。熟悉它以后，你就会发现这种开瓶器是非常容易上手的。

• 先用小刀，沿着瓶口突出部位转圈，割开封瓶口的金属盖箔；

• 螺丝钻尖倾斜45°，把尖对准瓶塞中心，稍稍扎进；

• 随之，直立起螺丝钻，顺时针方向旋转，拧

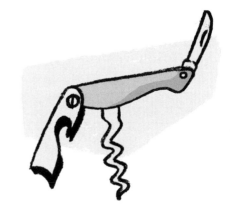

进，直至接近末端；

• 用第一个卡位别住瓶口，拉起瓶塞，这个时候能拉出半个瓶塞；

• 接着，换用第二个卡位别住瓶口，然后继续向外拔即可。

一些酒杯

这也一样，既然那么爱葡萄酒，喝酒就不能瞎凑合。不可以用纸杯什么的喝葡萄酒，马克杯、其他茶杯、玻璃杯都不行。在那种杯子里，葡萄酒就像是被堵在里面了，你只能闻到它很少的一点香气。选择酒杯的一条原则：要透明的，郁金香形状，高脚杯才行。

一两个醒酒瓶

除了醒酒和供氧以外，醒酒瓶也可以让那些纸盒装酒变得更加有情调，同时，也能借机知道喝了

要考虑到它们的使用情况

对于这些基本配置，看的不是它们的价格，而是实用性。要根据自己的使用频率、使用习惯来选择，另外还要考虑到存放它们的地方大小。万一觉得自己比较笨拙，选择一种好的酒杯就够了，这比买一堆但是用不上要强很多。我们买的是它们的实用性，当然也是它们的设计：可是，不管它们怎么漂亮，都不能忘了它们是买来用的。一个特别好看的醒酒瓶，要是特别难洗或特别容易坏的话，最终结果还是会被遗忘在角落里的，那多可惜。

多少（量），还有就是在出现瓶塞问题时，可以用来辅助减少破坏：比如万一有瓶塞的碎末掉进酒瓶里时，可以利用醒酒瓶加过滤网来解救。

一个或几个过滤器

过滤器嘛，它的作用就和它的名字一样，用来过滤掉那些不好的东西，碎瓶塞或是瓶内比较多的沉淀物。所以呢，是必备品。它有很多种类可以选择：

• 过滤纸：一般每个食品店里都有卖的，价格非常便宜，却是很好用的东西。只要对准醒酒瓶口，缓缓倒入就行了。

• 可重复使用的塑料过滤网／供气网：可以折叠，适用于各种形状的醒酒瓶。它的微型细孔也可以让葡萄酒能更好地与空气接触。

• 不锈钢或玻璃过滤器：使用寿命更长，根据材质价格也会更高一些。有不同尺寸的过滤洞可以

选择。玻璃过滤器相对便宜，但是也容易碎：随你选了。

若干瓶塞

总会有一些时候不能一口气喝完一瓶酒，所以还是非常有必要常备几个瓶塞的。无论是造型讲究的，还是一般的，重要的是它能够起到应该起的瓶塞作用。如果只能有一种瓶塞的话，那就选起泡酒瓶塞吧，它适用于所有葡萄酒品种。

一个冰酒桶

需要降温时，夏天的时候需要保持葡萄酒的凉爽，都会用到它。当然，别忘了还是得预备冰块的。塑料冰桶比较方便，但是不锈钢材质的可以用得更久。

什么样的酒杯是好酒杯？

一个好的酒杯不仅能改变你对葡萄酒的看法，更能让你觉得世界都变得大大的不一样了！酒杯，对于葡萄酒来说，从任何角度上看，都是一个必须要认真对待的物品：好吧，我也知道你们中间肯定不乏有人用装芥末的玻璃杯喝过酒，要不就是塑料杯，总之都是不适合盛酒的杯子。所以，还是一起来看看哪些酒杯更适合搭配葡萄酒吧……

一些客观要求

比较客观地来定义一只理想的葡萄酒杯：首先它不能影响到品酒的质量，必须能让人充分地闻到、尝到葡萄酒的各种香味，它必须能衬托、辅助葡萄酒才行。专业品鉴酒时，有一种特殊的酒杯。这类酒杯，既不雅致也不好看，但是却最能暴露出一款葡萄酒的缺陷。这对职业从事葡萄酒的人来说比较好用，但是对大部分人来说，要是餐桌上用它，就不是那么愉快的事情了。每种不同的酒杯对同一瓶葡萄酒的最终评价会产生很大的区别，这看似很荒唐的事情，却是不能忽视的。即便是"专业"用杯，也不见得就完全适应现实生活中的各种实际情况，所以

最好的办法还是得试，看看哪一种才是真正需要的。当然，无论怎样选择葡萄酒杯，它的基本要点都是相同的。

透明杯

一只好的葡萄酒杯，必须是透明的，不然酒色要从何谈起！这么显而易见的事情，可事实上大家却经常会忘记。那些彩色酒杯还是留着用来喝水比较好，无色透明的用来盛葡萄酒。尽管它也未必能100%展现葡萄酒的色泽（这跟化妆一样，稍微有点儿技巧的化妆技术就能改变一张面孔），但却仍是一个能够保证好好享用葡萄酒的重要因素。

高脚杯

一只好的葡萄酒杯还必须得是高脚杯，这样才能让人好好拿住酒杯。直柱形的杯子，握住时，会让杯子里的酒温升高：这对于白葡萄酒和桃红葡萄酒来说，简直就是灾难。要知道，把葡萄酒从瓶子倒入杯子里的这个过程就已经会让酒温上升1~2℃，如果再加上手掌的温度，那很快就会变成一杯温酒了。另外，高脚杯的"腿部"不要太短，那样会很不好拿，当然也不要过长，那样会非常容易碎。

请带上郁金香

这是葡萄酒杯应该有的形状。底部够宽，稍稍朝上收口变窄。目的是什么呢？能让杯内的葡萄酒有足

一只，还是多只杯？

几乎每个生产葡萄酒杯的厂家都会提供很多种特定搭配某种类型酒的酒杯：新酿的红葡萄酒酒杯，陈年红葡萄酒酒杯，桃红葡萄酒酒杯，干型白葡萄酒酒杯，香槟酒杯，勃艮第酒杯，等等。喝酒反正是为了自己高兴的事，要是有足够的地方和钱，那就用好了，没什么不好。不过一般情况下，选好一种酒杯就足够了。实际上，这样做，也更容易做对比，因为用的是同一种杯子，选个普通大小的就行。通常，白葡萄酒杯是个不错的选择。

够的空间释放香气，葡萄酒的最表面浮层与氧气接触的同时可以减少香气的流逝。逐渐变窄的杯口，也可以最大限度地阻止酒香的挥发。

用一个比自己脸还大的杯子喝酒，早晚会洒得到处都是，即便有人跟你说用这种"鱼缸"盛酒能更好地给葡萄酒供氧，那用醒酒瓶就是了。

不能太小

杯子的容量还是很重要的！要知道，在正式品鉴时，从来不会往酒杯里倒入超过酒杯体积1 / 3的酒的，哪怕在不是特别讲究的时候，最多也不会超过半杯。这是为什么呢？因为余下的地方要留给酒香回味。现在越来越流行用大的杯子了，尤其是在饮用一些比较名贵的葡萄酒时。不过，根本不要理会这些，

不要太厚的杯子

有人觉得酒杯如果太薄，拿起来战战兢兢的，总是怕碎，用起来很不自在：实际上是可以根据杯子的材质来选择的。玻璃杯还是水晶杯？或是玻璃和水晶的混合制品？最后这种杯子的优点是既保持了玻璃的结实耐用，又有水晶的精致，基本不会被磨损，也不容易碎。

醒酒瓶到底是干啥的？除了醒酒以外……

想必大家在电影里或餐厅见到过这样的情节：一位高傲又神圣的侍酒师，在手推餐车上放上一支蜡烛，然后点燃它，接着拿出一个醒酒瓶和一瓶葡萄酒，缓缓地沿着醒酒瓶内壁把葡萄酒倒入醒酒瓶中。

换瓶醒酒

品用葡萄酒之前，先把葡萄酒从原来的酒瓶里，整瓶倒入另一个瓶子里——醒酒瓶，这个步骤叫醒酒。它的目的是为了去掉酒瓶底可能会出现的沉淀物。一般来说，多数用在陈年老酒上，不过这并不是说年头较少的酒就没有沉淀，所以同样会需要醒酒瓶。当然，这道程序更多的是为了饮得优雅，尽量避免喝到异物。蜡烛的作用呢，是为了帮助倒酒的人看清瓶底是否有残留物，尤其是颜色比较深的酒瓶。用蜡烛照这一步是不是真的那么有必要呢？如果真的是

照瓶底的异物，当然是很有必要的！不然呢，这会让品酒变得很有仪式感，相信没有人会反对视觉上的享受吧。另外，还有人呢，会建议在打开一瓶多年陈酒之前，先在醒酒瓶里倒几滴葡萄牙的波特酒（porto），静置大约半小时后再倒入陈酒，据说这样能唤醒陈酒中沉睡的酒仙。

当然，醒酒瓶的用途不止于此！

供氧作用

如果你常喝的是年头较少的葡萄酒的话，那倒更应该准备一个醒酒瓶了。它可以让葡萄酒更好地与空气接触，这样做的好处是：

• 可以"唤醒"一瓶"沉睡"的葡萄酒（这类酒指的是那些酒香还没有出来，或是很少的葡萄酒，自然释放出来的香味还比较少）；

• 降低氧化还原反应（比如湿气太重、霉味等）；

• 让单宁变得更加柔和（尤其是红葡萄酒的）；

• 淡化酒桶的木头味儿（白葡萄酒或桃红葡萄酒）；

• 可以预计出该瓶酒过几年后的味道。

择优选择

事实上，正好跟普通概念相反，任何一款葡萄酒都可以先换瓶后再饮用，无论是白葡萄酒，还是香槟酒。换瓶这个步骤对于葡萄酒来讲，是为它们释放香气帮了一个大忙。

挑选醒酒瓶的第一个要点是必须得容易清洗，好拿好放。它的外形不是那么重要，当然一般都会选择底盘较大、瓶口收紧变窄的，因为一些陈酒并

不需要大面积地与空气接触。如果是带有"供氧"功能的醒酒瓶，那什么形状的都可以。通常来说，底部越宽大，越能更好地发挥供氧作用，但是，这种形状的醒酒瓶，也就更难清洗。

一个好用的醒酒瓶，方便取放是关键，像那些特别容易碎的水晶材质或是形状特别复杂的那种艺术品，还是不要考虑了。简洁才大气。用于白葡萄酒和香槟酒的，要选一款底部不能太大的，刚好能放进冰桶里的才行，不然也可以选择外层自带降温功能的醒酒瓶。

清洗它，是不是很要命啊？

洗醒酒瓶，需要清水跟奶瓶刷，以下几个方法供选择：

• 白醋和粗盐：祖传偏方，用热水将白醋稀释后使用，效果很好。加上粗盐，可以洗得更彻底。不过缺点是，使用粗盐容易让瓶子表面出现划痕。

• 假牙清洗泡腾片：懒人法，扔一片进去，泡上一宿，次日用清水冲洗干净即可。

• 啤酒：最好是比尔森（pils）啤酒。泡一天一夜，第二天清水冲洗干净即可。啤酒有收敛作用，并能消除单宁。也就是说，啤酒能解掉口中的涩感，要是一次性尝了很多种葡萄酒的话，不妨喝口啤酒来冲淡口中的涩感。

那些跟酒有关的小玩意，有用的，没用的，都在这里了

当你开始对葡萄酒感兴趣时，会发现市面上简直有太多各种各样的跟葡萄酒有关的小工具了，而且真的是什么价格都有，从几块钱到几百块钱。那么，这些小玩意是否真有用呢，还是买回来就会被忘了呢，还是会越用越顺手？

实用性的

• 温度计，它并非是必备品，但是它却可以帮助你提前掌握每瓶酒的最佳饮用温度。

• 倒酒片，一种塑料封面的小圆片，卷起来插到瓶口就可以了，可以防止酒滴下来。相对来说比较好用，很便宜。

• 葡萄酒冰袋，如果不想用冰桶和冰块的话，那最好要准备一个冰袋，使用方法非常简单。最好有两个，一个在用，另一个在冰柜里冷藏待用。

学习用的

酒瓶袜套，可以盖住葡萄酒瓶上的所有标签标识，用它来做蒙眼识酒的游戏最好不过了。这种跟好朋友们一起分享的快乐，要是能再多添几个小陷阱什么的，就更有意思了，比如在一系列白葡萄酒中间，穿插一瓶桃红葡萄酒。

另外，一只白色记号笔也会是比较实用的，尤其当有两种以上的酒同时出现的时候，做记号可以避免弄混。

科技类的

和葡萄酒相关的物品越来越有科技含量了，像电子醒酒瓶、自动倒酒器等。抛开对这些机器的质量的偏见，仅从其性价比上看，真的会用得上它们吗？

喝酒，也有顺序吗？

83

一般家里请客时，肯定会喝到好几种酒，通常大家都会担心自己是不是上错酒了，那会显得很没品位。其实，只要花上5分钟时间好好想想，就会发现这根本是个伪命题，上酒的顺序明明就是要符合一个简单的逻辑关系。

中规中矩，循序渐进

一顿饭的上菜顺序，要符合最基本的逻辑：先冷盘，后热菜，后者通常味道更丰富并常伴有各种酱汁调料。

所以，最先喝的那瓶白葡萄酒，不管它是用来作餐前酒的，还是搭配第一道冷盘，它都必须比第二瓶轻淡才对。同理，如果是几种不同类型的红葡萄酒，上酒的顺序也一样：甜度较高的，留在最后。按照这个标准，可以排出以下顺序：

- 较清淡的白葡萄酒，干型或起泡酒型；
- 比较厚重的白葡萄酒；
- 较淡爽的红葡萄酒；
- 比较浓烈的红葡萄酒；
- 甜葡萄酒。

出其不意，顺势就势

有时候制度的存在，就是为了打破它，这并非是件坏事。比如，上一瓶白葡萄酒来搭配奶酪，尽管之前的正菜喝的是红葡萄酒。

也就是说，完全可以巧妙地安排先用一瓶单宁较淡的红葡萄酒来搭配主菜，然后再喝香气额外浓郁的或是稍微有点甜的白葡萄酒。这种穿插的好处是，白葡萄酒的凉爽能够缓冲之前的油腻。而在一瓶清凉的红葡萄酒（例如，阿尔萨斯的黑比诺）后，可以上一瓶高档的白葡萄酒，当然这样给大家带来的仅仅是心理上的急刹车，从味觉上感受却是异常完美的。

主菜一定配红酒！

这种说法一直顽固地存在于人们的心里，就像吃主菜时要是没喝红葡萄酒，那就不叫吃过主菜了似的，不然就是觉得这顿饭没吃好。我觉得，要是你认为自己的那道主菜还是搭配白葡萄酒更好的话，那就继续那样做，不要改变。万一哪位客人非要喝红葡萄酒的话，就在最后给他一杯红葡萄酒，作为餐后酒就可以了。

如何保证酒温

只是自己会选酒或是有高人推荐好酒，这些都不够。一瓶好酒，还得在适宜的温度下品尝才能真正体会到什么叫作好酒。一瓶过热的葡萄酒，会变得软塌塌的，没有力道；而太凉的，味道会被封锁，单宁也会更紧致。以下几个要点可以避免出错。

按类区分

• 品尝味道层次比较丰富的白葡萄酒，它的温度要在10~13℃。一瓶较清淡易入口的白葡萄酒要比一瓶浓烈而且厚重的白葡萄酒的温度低。要是一开始弄不清楚这些的话，还是借助一下温度计吧，以后熟悉起来就容易得多了。

• 原则上，桃红葡萄酒跟白葡萄酒一样，需要记住一条，就是越烈的酒，温度应该越高才对。比如一瓶马尔贝克（malbec）桃红葡萄酒要比佳美（gamay）的温度高一些才行，因为它更加有层次。

• 红葡萄酒呢，要根据单宁的含量来决定它的温度。单宁越高，越要注意酒温不能太低。这是为什么呢？想象一下，当一个男人潜入很冰冷的海水里时，他的男性体征是不是都会缩小。葡萄酒呢，也一样，酒味儿会全部藏起来。比较清淡的红葡萄酒（例如，阿尔萨斯、卢瓦尔河、博若莱）的饮用酒温可以最低到14℃。其他，则应该在15~18℃，具体温度可以根据自己的喜好来定。

• 起泡酒：很多时候，人们常说，香槟酒必须够凉才能喝。如果是天气比较炎热的夏季，这么做当然没什么不好。可是要知道，所有的起泡酒都要比其他种类的葡萄酒对温度更加敏感，因为酒温对它的气泡和香气都会有非常大的影响。既然如此，干吗一定要过度冲击它们呢！9~11℃适用于大部分的起泡酒。那些特别有特色的上好佳酿，则可以选择在12~13℃。

• 橙色葡萄酒：这是一种很特别的葡萄酒。它的颜色是因为长时间一起浸渍白葡萄酒和葡萄皮而得到的，所以葡萄皮里的单宁自然也会在这种酒里反应出来。正因为如此，最好不要在温度过低的情况下饮用，理由跟红葡萄酒一样。当然，最好的办法，还是多试验！先从10℃喝起，等着酒温慢慢升高，再重新尝尝看。这样，一步一步地，随着酒温的变化，分辨不同温度下同一瓶葡萄酒都会释放出哪些不同的酒香。

如何降温

无论哪种颜色的葡萄酒，都不要放进冷冻柜里。需要温柔地对待每一瓶葡萄酒。

1. 那些本来就一直放在比较凉爽的酒窖里的酒，如红葡萄酒的话，温度基本刚好，在饮用前的10分钟左右拿出来就好了，这样它的温度刚刚能够升高1~2℃。其他颜色的葡萄酒，白色的、桃红色的，还有起泡酒，要按第2条做。

2. 品温度较低的酒，要用冰桶，里面放上1/3的凉水、1/3的冰块，再把酒放进酒桶里就可以了。如果是冰袋的话，放进冰箱里冷藏15~20分钟即可。

3. 如果是常温下放置的葡萄酒（这并不是一个好主意），尤其是在太阳底下（更糟的一种情况），这个时候只有用冰箱了，放在冰箱的门上冷藏，不要放进蔬菜箱里。白色、桃红色葡萄酒和起泡酒大约需要1小时；红葡萄酒需要半小时或更短一点时间。

关于搭配的那点事儿

怎么能让一瓶葡萄酒更好地与菜肴搭配，是一件非常复杂的事。要不就全部听从专业人士的意见？事实上，如果明白了"无论怎么做，都不能绝对保证是正确的"这样的理论，那不如还是让自己的感觉跟着味觉走。这样，反而会简单得多。以下有几个搭配的要点。

基础要点

请按逻辑：

· 一顿饭上菜的顺序是由淡到浓，因此，葡萄酒也一样，先开始上比较轻淡的，接下来要上干型的，最后再上那些浓烈的。

· 尽量避免在喝葡萄酒前饮用其他烈酒，像伏特加-马蒂尼或威士忌。不要还没尝到葡萄酒前就先醉了。

不过，究竟怎样才能知道哪种酒跟哪道菜比较搭配或是完全不能同时食用呢？这就得用一点科学理论，一点实际味觉和一点魔法来解释了。

从科学角度来看

从科学角度来分析一下原因，比如吃鱼。大家都认为——至少我是这么觉着，就是鱼+单宁=难吃到崩溃。怎么来形容它们混合在一起的味道呢：有股钢铁制成物、像生铁的味道，所以才不会吃鱼的时候同时喝红葡萄酒。不过，因为如此就一定要100%地禁止红葡萄酒与鱼搭配在一起吗？那倒也未必。万一要是有人只喜欢喝红葡萄酒呢？或者有人非常讨厌白葡萄酒怎么办？遇到这种情况时，最好的办法就是选一瓶单宁含量较低的红葡萄酒，少量单宁的影响不大，只有当单宁的含量达到一定比重时，才会出现以上那种状况。

有很多流传已久的关于如何搭配的理论，可没必要完全照搬。当然，要知道像奶酪、鸡蛋跟单宁是极其不搭的；生姜、大蒜会让最烈的红葡萄酒失去味道；各种凉拌生菜的调味汁里的醋酸会让酒变得很苦……这样一来，难道只能喝白水了吗？这就得由你自己来判断了。

深呼一口气

必须得先放松放松：这既不是一个有上几百年历史的科学定理，也不是法国法式专属。只是最近才开始按每道菜和它所用到的各种食材来单独为它选酒。之前，上酒时唯一的规矩就是先淡后烈。

举一个能让你语惊四座的例子：法式鹅肝和苏玳结合的故事。鹅肝酱一般是头道菜，而苏玳这类甜酒则是放在最后品用。但是谁能想到呢，这两种理论上浑然不搭的东西居然成了最匹配的组合。从此，鹅肝酱再也无法离开利口佳酿。所以，大家真的不必那么死板地去遵守每项规矩，松开领带，自在一些。

好好观察

在搭配的过程中，首先要弄清楚哪样食材是主要材料：肉、鱼、蛋还是蔬菜。这个能提示你该选哪种颜色的酒。接下来要看看配菜的分量，调料酸甜还是偏辣等。根据这些来调整最后的选择。比如说，主要食材是羊肉，如果它是按比较常见的做法和配菜的话，可以搭配一款波尔多的博雅克（pauillac）红葡萄酒。可是，如果同样的羊肉是用塔吉锅炖的，里面加了榲桲、杏脯和藏红花的话，那还是搭配一瓶经过浸渍的白葡萄酒比较合适。

要点：搭配平衡！！

分清主次食材及其用量，根据情况调整。一道比较辣的菜，也许需要凉爽的一点酒来搭配：比如辣椒炖肉搭配桃红葡萄酒。如果是比较油腻的菜，最好要用酸度较重的酒来中和；腊肉烤土豆加阿普雷蒙（apremont）堪称最佳组合。烤牛排最适合与香气浓郁、单宁丰满的红葡萄酒搭配。而那些酸甜口味的，可以选择比较甜的葡萄酒，或索性相反，配瓶干型且果香丰富的葡萄酒。

请地方化

没猜出来是什么意思？提示一下：想想这道菜是哪里的特产呢？比如卡酥菜（cassoulet）什锦烩菜，自然要搭配一款产自法国西南部的葡萄酒；而法国中部奥弗涅（auvergne）那里的卷心菜塞肉，搭配当地出品的葡萄酒更加适宜。很多地区的特色菜的发展都跟当地的酒文化息息相关。当然这得是在葡萄酒产区，像是比利时的传统菜肴啤酒烤肉的话，就是另外一个话题了。

当我们谈起红酒，
我们在说些什么？

餐前酒

喝餐前酒，不是要大口猛灌，而正好相反，是为接下来的味蕾盛宴做好准备。所以，要尽量避免那些过于厚重、太甜，或者是酒精浓度较高的酒。那么，选择什么样的葡萄酒才更合适呢？

干型白葡萄酒

一杯优质的干型白葡萄酒，香气扑鼻，那种能让人情不自禁地鼻头耸动，口润生津，用来作餐前酒就很好。这些类型的酒可以在卢瓦尔河产区找到：像诗南葡萄品种酿制的成酒或是阿尔萨斯产区的麝香葡萄酒，不过，一定要选无糖的，这个很重要，就像一个交响乐队里，要是一开始就是大鼓演奏的话，那三角铁势必会被完全忽略掉了，所以，最好还是从钢琴开始。除此之外，还有桃红葡萄酒呢，也很好啊，毕竟酿得好的酒，长得也好看呢：香气袭人，果味十足，

鸡尾酒请出列

这类酒通常酒精含量很高、浓烈，最好留在派对晚会时饮用。不过，准备一款带点节日气氛又简单易做的鸡尾酒也没什么不好：取一只笛形酒杯，底部放上少许果味甜酒（绿苹果酒、橘子酒），然后注满白葡萄酒。另外，除了常见的黑加仑酒兑香槟的基尔酒以外，还可以根据不同季节来自制基尔酒：比如秋天的时候用栗子味的甜酒，春天用玫瑰香甜酒，等等。此外，用红葡萄酒或桃红葡萄酒也能玩出花样：黑加仑酒、野黑莓甜酒、桃子甜酒。

冰爽可口，这些都能用来作餐前酒。

起泡酒

无论是香槟酒还是气泡酒，带泡的酒作为餐前酒都是一个很好的选择。这两种肯定是比较显而易见的选择，不过呢，也不要忘了其他种起泡酒，法国的或别的国家的……意大利的普罗赛柯气泡酒（prosecco）和西班牙的卡瓦（cava）气泡酒最近都比较流行，还有利穆布朗克特（blanquette-de-limoux）和德蒂克莱蕾（clairette-de-die）。当然，天然汽酒也是很不错的选择，在比较招人喜欢的泡泡里，增添了一点度数，让这种酒变得更加有特色。此类酒是在葡萄汁一开始发酵时就分装入瓶，并且马上密封瓶口，这样，发酵时所产生的气体就被留在了瓶内。然后，如果有必要的话，会采用冷却处理来停止继续发酵。用这种方法获得的天然汽酒，根据停止发酵的时间，酒内的含糖量可多可少会有不同。

变异酒

这类酒，不能选择过甜的，最好是经过养酒的，例如：干型雪利酒（sherry fino）。萨兰酒（salin），这种英国人特别喜爱的餐前酒最近不是那么流行了，不过用它来搭配干烤沙丁鱼或者和干果类一起食用，那实在是美味至极。相反，无论是祖母常年珍藏的波特酒（porto），还是伯伯的比诺甜酒（pineau），用它们来作餐前酒还是有点可惜了，如果是很甜的，就这么空口喝，很不值得，如果喝冰镇的，又喝不出它们的价值来，实在是一种浪费。

一顿饭搭配一种酒？还是多几种比较好？

如果真的能做到每道菜都按规定配酒，那自然比较简单。可实际生活中，通常一顿饭里只能喝到一种葡萄酒，这时候应该如何应对呢？

准备工作要做好！

这是一顿只有两个人吃的饭，不可能同时开好几瓶酒或是客人们只喜欢红葡萄酒，要不就是除了白葡萄酒不喝别的？没关系，能做到一顿饭只喝一种葡萄酒的，当然是在准备工作做得好的条件下，也就是说最好提前按菜单选好酒。

优先选择那些味道相对一致的菜式，比如，头道菜如果是熏三文鱼，而主菜却是羊腿的话，那就比较难了。相反，先上的是生牛肉薄片，接下来是烤牛肉，就比较容易只用一种红葡萄酒搞定这顿饭了。

找到一个主题

如果同一餐里，只用一种食材做出不同菜式的话，也许是个好办法。例如：由熏鸭胸脯肉片沙拉开始，跟着是樱桃炖鸭，这样的话，一瓶红贝尔热拉克（bergerac）就很好。前菜生扇贝片，主菜黄油烤扇贝，就能和一瓶玛桑内（marsanny）白葡萄酒一起，成为一个很棒的组合。总之，没必要为了要找到绝对完美的搭配而感到头疼，尽量做到恰当就好。

还有一些窍门

一瓶比较清淡的红葡萄酒，如果稍微冰镇一下的话，味道会更好。也就是说，可以先把它冷藏至15℃左右，这样从头道菜开始，它的温度也会慢慢增高，一直达到吃主菜时所需要的酒温。这么做，还可以更好地感受一下这类葡萄酒在不同温度下的不同之处。

还有一种办法，就是全部反过来做，先选好一瓶酒，什么颜色的都没关系，然后围绕着这瓶酒去想要搭配什么菜。这样就一定能满足什么酒要配什么菜了。

吃奶酪，先红后白？

奶酪、红葡萄酒是最常见的搭配。尽管如此，还是有很多种奶酪的味道，像是奶香、花香、麦香、黄油和干果的香气，更容易在白葡萄酒里体现出来。要知道，奶酪里的酪蛋白，是不太欢迎含单宁的葡萄酒的。对于那些比较油腻的奶酪呢，要是有一瓶凉爽的白葡萄酒，那会很受欢迎的。

无限种选择

如果只想用一种葡萄酒来搭配奶酪的话，那最好按类分奶酪，一顿饭里只上同一类型的奶酪：山羊奶酪、蓝色奶酪、硬皮奶酪等。当然，吃奶酪的时候，也可以喝不同种的葡萄酒，比如一种葡萄酒配山羊奶酪，而硬皮奶酪则换另外一种葡萄酒搭配。

如何才能更好地搭配奶酪，这其中有一个不变之法，就是按地区分，哪里产的奶酪就配哪里产的葡萄酒。

• 新鲜山羊奶酪，里面的咸味还不是那么重，选用长相思葡萄品种（sauvignon）酿制的勃艮第产区的圣布里（saint-bris），或卢瓦尔河产区的普宜菲塞（pouilly-fumé）一起品尝是最好不过的了。

• 软皮奶酪，奶味还很足，有点腻，也非常滑润，这时，干型白葡萄酒是很对路的。采用诗南葡萄品种（chenin）所制的卢瓦尔河产区的乌弗莱（vouvray）会异常美味。还有阿尔萨斯产区的琼瑶浆也会是十分完美的。

• 压制型奶酪，根据不同的季节、不同的香型，有很多品种的葡萄酒可以尝试：比如汝拉产区、法国西南部产区的葡萄酒。

• 久制奶酪：这种奶酪素性可以挑瓶带有核桃和焦糖杏仁味儿的白色波特酒来冒一下险。另外，可以尝试经典款的布尔吉尼翁的霞多丽，厚重、滑腻、有力道。

• 蓝色奶酪：跟这种奶酪搭配的葡萄酒，浓一点、淡一点都可以，不过注意千万不要有单宁！比较甜的利口酒可以淡化这种奶酪里的咸味，一瓶上好的苏玳跟洛克福奶酪一起食用，感觉会很棒。

香槟酒呢？

奶酪加香槟，可不是常规吃法，但是事实上，它们在一起，绝配！

• 压制奶酪：与熟的或生的干型黑比诺都是非常好的搭配。只要注意一下，喝的时候气泡要够足才好，这样才不会有黏糊糊的感觉，当然也不能太多，省得奶酪里的奶油香跟酒里的酸度相冲、互损。

• 软皮奶酪：白中白是首选。小口品入，齿间留花香，奶酪的滑腻及奶味令人意犹未尽。

• 新鲜奶酪：没错，香槟酒可以搭配马苏里拉奶酪（mozzarella）。尤其是浅红色果香香槟酒。它跟山羊奶酪一起可能会有点儿变苦，但是跟白中白香槟酒搭配却是非常完美且合拍的。

• 霉菌型奶酪：较烈的黑中白、半甘醇或是比较甜的稀释佳酿都是不错的选择。尤其是和蓝色奶酪一起搭配，鲜得要上天了。

甜品要配什么酒？餐后酒又是什么？

该上甜品时，经常会出乱子：喝点什么好呢，尤其是得避免主菜已经够甜了时，如何才能不让它变得更腻呢？同时，如何保证它得有足够的味道才不会被忽略了呢？如何均衡糖、酸和酒精的分配呢？

糖

还是很有必要的，但是必须得少量才行，因为这个时候已吃过很多东西了，味蕾味觉已满，没必要再继续加重甜味儿了。的确，喝过含单宁较高的葡萄酒以后，再接下来喝别的酒的话，不是件特别容易的事，但是别急，还是有办法解决的。关键还在于如何均衡糖分：要是甜品本身就已经很甜了，那就用一款不是那么甜的葡萄酒来综合一下吧。

根据甜品里的主要食材来定

• 巧克力：西班牙陈酒朗休（rancio）、焦糖，还有李子脯与黑巧克力都是绝配。选择的范围也是极其广泛的，从丽维萨特（rivesaltes）琼液到波特陈酒（porto），任由你选。另外，来上一小杯朗姆酒也很不错。按巧克力的浓度来说，越淡的，越应该偏向于天然农产朗姆酒［产自马提尼克（Martinique）、瓜得罗普（Guadeloupe）］或麦秆（paille）朗姆酒（可从琥珀色到咖啡色）；而越浓的，巧克力味儿更重的时候，多半会挑选糖蜜加工朗姆酒［海地（Haiti）、危地马拉（Guatemala）或者委内瑞拉（Venezuela）生产的朗姆酒］。如果是奶香巧克力的话，肯定会比较甜，必须得想着综合一下甜度：比如说可以挑选那些酒味中能有点咖啡香气的葡萄酒，例如拉斯托（rasteau）。如果是纯白巧克力的话，通常会跟带有较酸的水果或热带水果一起，所以配上一款甜型朱朗松（jurancon）或是维克•比勒•帕歇汉克（pacherenc-du-vic-bilh）都会很完美。

• 多种红果：这类甜品有很多种葡萄酒可以搭配。像是比较浓烈的黄莫利（maury）或是干型浓郁芬芳的桃红起泡酒，不然就是相对柔和的安茹（anjou）都可以。

• 白色水果或热带水果：可以跟干型或其他种麝香葡萄酒、琼瑶浆（gewurztraminers），还有各种类型的诗南酿造葡萄（chenin）所制的葡萄酒搭配。这些都非常适合搭配水果味儿的甜品。

• 以鸡蛋为主要材料的甜品，比如白色漂浮岛（一种法国传统甜品），或是焦糖蛋羹，这些甜品都不太适合和葡萄酒一起食用。但是和马德拉酒（madere）或是雪利欧罗索酒（sherry oloroso）这些特别浓烈、香气十足的酒搭配，却会有出其不意的惊喜。

绕过这个问题！

万一你要是不想吃甜品的话，那干吗不单独品尝一下那些跟什么菜都不搭的葡萄酒呢？况且通常这类酒的本身就已经拥有十分丰富的味道了。比如那些有名的利口酒，像奥旁斯山麓（coteaux-de-l'aubance）、萨维尼耶（savennières）这种渐进型干白葡萄酒。当然，还有那些拥有单宁持续滑润感的特级高品质红葡萄酒。另外，一些上好的佳年特酿香槟酒，能帮助消化的气泡也是绝对可以让一顿大餐得以圆满的结束。

四

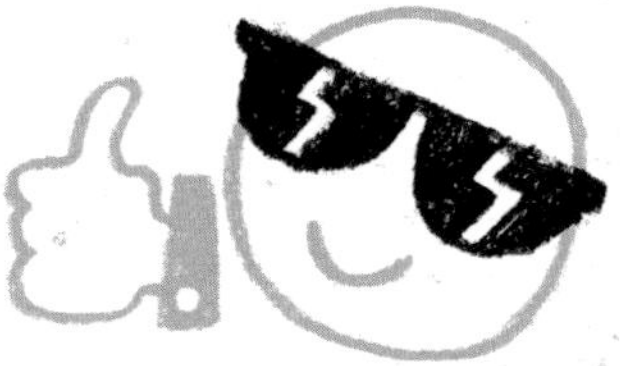

如何对待葡萄酒

为什么葡萄酒里闻不出葡萄味儿？

只有很少一些葡萄酒可以闻到葡萄味儿，比如麝香葡萄酒（muscat）。而大多数的葡萄酒，的确是闻不出葡萄的香气的，相反，却会有樱桃、皮革、臭鼬、香料的气味等。那么，葡萄酒的香气是如何形成的呢？

超级酵母

很简单，就是因为发酵作用。这个化学反应使得整个味觉分子转变。这也就解释了为什么直接吃到的葡萄跟喝用同一种葡萄制成的酒，从味道上来讲，会有完全不一样的感觉。只有麝香葡萄品种例外，即便经历过发酵反应，也还会多少保留葡萄本身的香气。在发酵结束后，接下来，葡萄会在酒桶或酒瓶里继续酝酿，在这个过程中，葡萄里的各种香味，更准确地说是人们所能够感受到的香味，也会产生变化。如果最开始是由于本质的化学反应转换的话，那么接下来的就是根据所处环境而改变的。不同的酒桶，所处温度、湿度、各种微生菌、酵母、表层浮物等，这些都会影响到葡萄酒气味的转变。

谁都可以来尝尝！

不是每个人都有相同程度的味觉和嗅觉的感官体验：有些人能很快就感到酸或苦，而另一些人则对这两种味道的感应迟钝些。这也就解释了，永远别忘了这一条，一瓶葡萄酒里是不会有真正意义上的草莓味或是杏子的味道的，这仅仅是人们对记忆里的味道的一种联想，大脑所传出的是比较像草莓、杏子的味道的信息，所以才让人认为是所谓葡萄酒带有的味道。换句话说，四个人同时喝同一瓶酒，如果他们品出了不同的气味的话，那是再正常不过的了。

即使是同一年的酒

即使用的是同一种酿酒葡萄，同样的采集方法，葡萄园里的同一行葡萄，同一个人做的同一款酒，都有可能因为不同的年份而有不同的味道！这就是通常所说的"年份效应"。葡萄酒的制造过程中，很大一部分是根据气候条件而决定的，天气的好坏会直接影响到葡萄里的含糖量多少，酸度多少；除此之外，还有虫灾病情等发生情况、酵母跟微生物的生长繁殖等。当然，这中间最重要的环节还是人，制酒的人，酒农的水平。所以也才会有"糟年产好酒"的说法，这的确很不可思议，但是却是存在的。总之，不必要过于敏感同款酒每年之间的差别，这难道不正是葡萄酒令人心动的地方！

葡萄酒会过期吗？是不是每瓶葡萄酒都有一个制酒年份（日期）？

"这是瓶2008年的酒，是不是过期了？"这是一句非常经典的问法。关键是，酒标上印着的这个时间，跟保质期是完全没有关系的，它的意思是采摘葡萄的那一年，也就是说，该葡萄酒的制酒年份。

没有变质期！

到目前为止，葡萄酒是没有所谓的保质期、饮用有效期的说法的。有时候，会有类似"建议在5年内饮用"的字样，但这仅仅是生产厂家的一个预估、建议而已。葡萄酒的保存跟它是放在哪里保存的有着非常直接的关系：在一个日夜通明、温度很高的屋子里，一瓶葡萄酒将度过非常糟糕的一生。而同一瓶酒，在一个条件较好的酒窖里的寿命却是完全不一样的。所以，要根据实际情况来判断。

那些没有年份的酒？

酒标上所注年份，代表是哪一年采摘的葡萄，这并不是必须得表明的一个信息。况且，即便标注了年份，也不见得所使用的葡萄都是同一年摘的：法律上是允许使用不超过总量的15%的其他年份的葡萄的。

法国葡萄酒最著名的无年份酒，要数香槟酒了："纯酿无年份（BSA）"，它是由不同年份的葡萄混合在一起酿制的，而这么做的目的就是为了保证其味道和品质的稳定性。

不过要注意的是，酒标上没有注明年份的葡萄酒，也不一定就是混合了很多年的葡萄酿制的。比如那些法国葡萄酒（日常酒），酒农们可以选择要不要在商标上注明年份，不过，这却是要付费的。所以也有些酒农索性在商标上倒着写上这个年份数字或是在条码里的数字中隐藏了制酒年份。

瓶臭、酒塞味儿，关于酒的那点坏事儿！

有时候，哪怕我们有一个特别好的、特别适合藏酒的酒窖或是在一个特别值得信任的葡萄酒专柜买来的酒，也还是有可能喝到根本不是想象中的味道。不仅有怪味，甚至根本就是很恶心，酒的色泽也很奇怪等，应该如何避免这种情况发生呢？

有发霉味

或是有股灰尘的味道、橡木的味道。在嘴里的感觉就像是什么东西烂掉了，非常难忍。没错，就是中彩了！这瓶酒的酒塞发霉了：可以宣布这瓶酒废了，好好重新洗干净酒杯，再开一瓶吧。如果这瓶是刚刚买回来的，那可以拿去退给卖家，通常对方一定会再拿一瓶葡萄酒给你的。另外要注意的一点是，甜根菜、潮湿的地面，还有霉菌都会引起土臭素对葡萄酒（酒塞）的侵蚀。

出气泡了

有些酒农，会特意留有一些气泡以便保存。已经装进瓶子里的葡萄酒依然可能继续发酵：这样所产生的气泡会伴随着酵母的气味。稍等一会儿，让气泡自然散发掉是一种做法，尤其是当气泡很轻很小，像珍珠大小的时候。换到醒酒瓶里，是另外一种做法，换酒瓶的时候一定要注意，不要再继续加重气泡的产生或者更立竿见影的做法是比较用力地使劲儿晃晃醒酒瓶，就跟汤姆·克鲁斯在《鸡尾酒》那部电影里一样。这样会出些沫子，没关系，这不是脏了，而是液体换了个形式，气体跟着就"走"掉了。

发臭

猪屁股味儿，兔子屁股味儿，泥地里打滚的野猪味儿……

好在并不是每次都会遇到这种特别强烈刺鼻的难闻的气味，但是，没关系，这种气味很快就会消失

的。这就像是葡萄酒也会有一个青春叛逆期似的。被封闭在瓶中的葡萄酒与氧气隔离，会进入缺氧状态，这个过程被称作葡萄酒还原反应，开瓶时所闻到的臭味是亚硫酸盐和氢气作用时所产生的。这个味道就跟马瑞利斯奶酪（maroilles）一样，有人非常喜欢这种极臭的味道，而其他人则需要把它们浸在咖啡里缓和那股臭味。如果觉得实在受不了这个味儿，可以用醒酒瓶来解决这个问题。

葡萄酒在饮用之前，是需要更大的空间来醒酒的。同样，醒酒瓶也可以用来处理那些不应该出现的气泡。跟空气充分接触后，空气中的氧气会中和酒中的还原反应，恢复葡萄酒原本的面貌。

醒酒后还是臭

这可能是遭到了酵母菌（酒香酵母）或是细菌的感染，或是两者都有。酒香酵母，该气味是某些类型的啤酒的味道，不过当它出现在葡萄酒里时，对其接受程度因人而异。葡萄酒一旦被酒香酵母所染，不可逆转，只能去适应它。这股老鼠味儿（像某种奶酪皮留在口内的味道）一般来说，会在装瓶的几个月后消失。所以可以把剩下开封的酒放回酒窖里等一等。如果打开一瓶酒，闻上去是醋味儿，喝着非常酸的话，那就是说这瓶酒已经变成了醋，可以倒掉它。

有异样液体流出

有时候会在瓶塞或封蜡口处流出一些黏液，这种情况被叫作漏酒：通常是由于温度突变并且温差很大而引起的。可能一点也不会影响葡萄酒的品质，

当然也有可能会有影响，这种时候，只有亲自尝试
一下了。

变色

　　如果一瓶红葡萄酒变成了橘黄色或是白葡萄酒变
成了鹅黄色，这都意味着这是一瓶陈年老酒。只有尝
了它才能知道它究竟"老"到什么程度了。如果喝上
去的口感没有那么浓郁，很薄，甚至是太酸了，那多
半是过久了。这种时候，如果酒并没有坏，与其扔
掉，还是完全可以用来做菜的。可以用作腌渍或炖
菜。或是把它索性做成醋，放入一个带气的瓶子里，
耐心等待就行了。

需要牢记的是

　　葡萄酒是有生命的：无论是
否经过过滤、粘贴等步骤，总还
是会有一些剩余酵母与糖分一起
发生反应，除此之外还有氧化还
原反应等自然现象，这些都会改
变葡萄酒在饮用时那一刻的味
道。这也让葡萄酒成为一种与众
不同的产品。所以，最好在请客
时，还是多备一瓶，以防万一。
这样才能避免像瓶塞臭那样的突
发事件。

当我们谈起红酒，
我们在谈些什么？

遇到酒渣怎么办？

酒瓶里出现的沉淀物既不会对酒有影响，也不会对人体有害，最多只是喝完舌头上也许会觉得不太舒服罢了。如果酒瓶内的沉淀物过多，很可能是在装瓶的时候出现了某种意外差错。

有两种类型的沉淀物

• 一种是晶体状沉淀物，在白葡萄酒里能看得更明显。它叫酒石酸，是葡萄里面的自然物质。当温度较低时，会变成固体。这些结晶体不会对葡萄酒的味道有影响，因为它本身就是葡萄酒的一部分。

• 另一种是比较大的灰尘状，有大有小，一片片里有晶体也有色素沉淀和单宁。不过这些也都是自然现象，绝对不是因为葡萄酒里放了化学添加剂，也不是因为酒坏了、酒太老了。

酒渣是从哪里来的呢？

这要从葡萄汁变成葡萄酒说起：最开始，就是酵母在起作用，它们吞噬着果汁中大量的糖分，直到死亡，这个时候"酵母尸体"就会留下来，跟其他剩下的植物部分（葡萄梗、果皮、籽）一起沉入瓶底。接下来，从发酵桶移至养酒桶的过程中，其中一部分这种沉淀物会被过滤掉了，而另一小部分则会被故意保留在酒桶内，用来给葡萄酒"提供养分"，因为这些沉淀物里有着许多种味道、香气和着色素。这样一直到了养酒结束，也就是准备好可以销售时，酒农可以选择要不要除去这些沉淀物，用粘贴、过滤、人工降温等办法都可以做到除去它们。其中最后一种方法：遇冷后，原本悬浮在半空中的物质最终会落下、沉淀，这样就可以很容易提取出清澈透明的液体了。也有一些酒农选择特意保留这些沉淀物：因为同样，这样的做法不会对酒有什么不好的影响，相反，在养

酒的过程中，这些在酒桶里沉睡的酒会持续转变它的香气、色泽和其本质里带有的一系列化学反应的演变。葡萄酒中所含有的蛋白质、单宁和多酚会互相作用。粘贴或过滤的方法使用得越少，越容易有残渣留下，哪怕是一瓶没几年的酒。

也有一些时候，有的葡萄酒看上去会很浑浊。这是因为沉淀物还悬浮在酒中，没有完全落到瓶底。这是不是意味着很糟呢？完全不会！因为这些不过就是葡萄酒里所含有的、未能被粘贴方法除去的蛋白质。

怎么办？

啥也不要做！葡萄酒里的沉淀物跟其品质无关，就留在瓶里好了。当然，倒酒的时候应该小心，尤其是快接近底部时。要是觉得自己倒酒不太利落或是怕忘了这一点，那就用醒酒瓶吧。

没有醒酒瓶时咋办?

99

糟糕透了!不过不要紧啦,任何问题都有它的解决办法,找点小窍门就是了。就像马盖先(Macgyver)都可以用一粒口香糖和别针做个发动机的话,那我们也应该能找到代替醒酒瓶的东西吧!

把花扔了!

你家里有花瓶吧?用大量清水冲洗干净,先少倒入一点葡萄酒,晃一晃,涮一涮,倒掉,然后再整瓶倒进花瓶里。总之,是瓶子就行,管它装的是什么呢。

花盆也行

既没有醒酒瓶,也没有花瓶?好吧,这是有点难,不过也还是能解决的。家里可否有装饰用的花盆呢?或者大小适中的水桶?实际上用什么来代替都可以,只要能让葡萄酒跟空气充分接触。要是实在觉得太离谱,怕客人用奇怪的眼神看自己,那就在客人来前把醒好的酒,至少要15分钟,再灌回瓶子里就好了,这样就神不知鬼不觉地解决了。

倒出一杯!

还有一个最简单的办法能让葡萄酒可以跟空气接触,就是先倒一杯出来。一瓶装满的葡萄酒,原本能跟空气接触的面积只有一元硬币那么大(瓶颈),而倒出去一杯后,这个面积就有一个橙子的直径那么大了(瓶底直径)。接下来,边吃边等酒醒就可以了。

葡萄酒增氧机

家里没地方放醒酒瓶?不想让醒酒瓶占太多地方?那葡萄酒增氧机就是最佳选择了。它可以即时让葡萄酒充氧,从而省去了醒酒的步骤。不过,它并不能节省时间,即便是它能提供更大量的氧气。另外,据说还是有些人把葡萄酒倒进了电动搅拌机里,当然,你们可千万不要这么做!

客人吃素，这酒得怎样喝才好？

现在来回答一下这个比较尖锐的问题：葡萄酒，可否算是素食饮品？它符合纯素主义吗？葡萄酒来自葡萄，理论上讲应该是的。但是从采摘开始到酿酒、养酒结束，这中间的很多环节里都有可能直接或间接地接触到天然或人工的肉食物质。

先考考大家！

制酒过程中，最让素食者或纯素食主义者担忧的是在粘贴过程中所使用的"黏液剂"，也就是"胶质"的来源是什么。这类胶质蛋白质，有的是动物蛋白质，它的用量其实是很少的，微量到可以忽略不计。用现有的科学实验检测手段来测试经过粘贴和过滤的葡萄酒，是无法测出酒里是否仍然含有该类蛋白质的。尽管如此，在一些消费者和欧盟的强烈坚持下，还是有了现在的在商标上注明了"含有少量可能会引起过敏症状的物质"的警示。在法国，白蛋白、酪蛋白和亚硫酸盐，除了持有特别科学鉴定书的酒以外，这些内容都必须在商标上注明。

纯素食主义葡萄酒证书？

这个证书在美国有，但是并不被欧盟认可。对于很多酒农来讲，这肯定是一个比较敏感的话题，但实际上也很好解决，如果非得要保证酒里不含动物蛋白质的话，那只要饮用那些未经过任何粘贴处理的葡萄酒就可以了。还有那些天然葡萄酒也是可以满足素食者的要求的，有机无胶的葡萄酒也行。况且，还可以安慰自己，这些没有经过粘贴处理的葡萄酒，味道更加浓郁丰富，所以，何乐而不为呢。

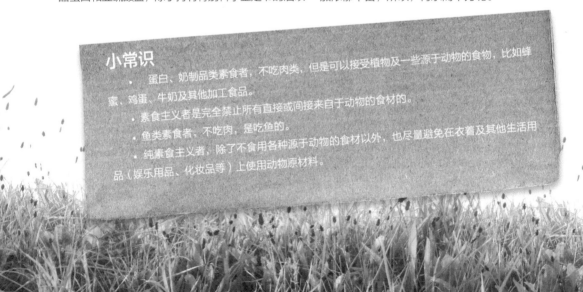

小常识

- 蛋白、奶制品类素食者，不吃肉类，但是可以接受植物及一些源于动物的食物，比如蜂蜜、鸡蛋、牛奶及其他加工食品。
- 素食主义者是完全禁止所有直接或间接来自于动物的食材的。
- 鱼类素食者，不吃肉，是吃鱼的。
- 纯素食主义者，除了不食用各种源于动物的食材以外，也尽量避免在衣着及其他生活用品（娱乐用品、化妆品等）上使用动物原材料。

跟素食者下厨！

• 平时大家的主菜呢，肯定不是肉就是鱼了，可是素食者的呢，却没有了这些。所以，得根据食物的口感（软、脆、黏、稠）、种类和香料（清淡、油腻、辛辣）来考虑选择哪种葡萄酒。事实上，每道素菜都能找到一种葡萄酒与其搭配。当然，这是需要一点想象力的。那些全用蔬菜做的菜式与单宁较重的红葡萄酒是很好的组合。可以搭配有奶制品的素菜，跟萨瓦、汝拉、卢瓦尔河和勃艮第产区的葡萄酒一起食用，是再合适不过的了。带有很浓重的香菜、薄荷、香芹、小葱类菜式，可以随同果香浓郁的干型白葡萄酒一起品用，像麝香跟诗南葡萄品种都是不错的选择。对于那些特别辛辣、香料极冲的菜式，则可以选能缓和口感的桃红葡萄酒或较清淡的红葡萄酒，像佳美（gamay）、果若（grolleau）、卢瓦尔河产区的品丽珠（cabernet franc）、黑比诺葡萄品种酿制的红葡萄酒都是很好的搭配。

但是姜、蒜两种味道，很难搞定！素菜里经常会明显有这两种味道，可是它们却能破坏大多数葡萄酒！在这种无计可施时，只能选择减少错误，采取最中庸的办法：要么菜里少放点这两种材料，要么选一瓶没什么味儿的酒，较淡的，容易入口即可。不必过度去追求完美的结合了。

除此之外，也可以挑选那些正好与素菜相对立味道的葡萄酒，比如很辣的一道菜可以配甜度更高的葡萄酒。气泡酒，与一些清淡的头道菜搭配会很出色。干桃红葡萄酒则与新鲜生菜一起搭配更和谐。

总之，无论是按哪种方式喝酒，最重要的还是自己喝得开心才是。干吗不能试试用一瓶比较清淡的霞多丽（chardonnay）葡萄品种酿制的夏布利（chablis）来和一盘超辣的咖喱一起品尝呢？

如何挑选一瓶值得珍藏的酒？

并非所有的葡萄酒都适合长久保留，不仅如此，有一些葡萄酒越早饮用味道越好。而另一些葡萄酒，则越陈越香。那么，怎样才能知道哪些种葡萄酒值得长时间保存呢？

一瓶好的存酒

值得长期保存的酒不光只有红葡萄酒，一些白葡萄酒、甜度较高的葡萄酒，还有一些桃红葡萄酒都是陈酒更好喝。起泡酒则不然，保存起来比较复杂，因为长期储存的第一个问题就是可能会直接导致气泡的消失。

如何藏酒是一件很神秘的事情，跟科学无关。几乎永远无法确定一瓶葡萄酒是否会好好地变老。即使有一些酒被认定多半会变成佳酿，但这仅仅是按以前曾经发生过的案例作为依据或是根据从前的经验而谈罢了。通常大家都会认为一瓶存酒，会在某一刻达到它的味觉顶峰，过了这一刻，它也就不值得再喝了。可是，所有做酒的人都知道，事实上这种看法很主观，除非那瓶酒已经氧化过度或受微生物作用变质成了醋。

一瓶红葡萄陈酒，要有年轻酒的鲜度、果香和其他所有只能靠时间才会酝酿出的香气。经过长时间静养的葡萄酒，它的单宁会越来越柔和、浓郁，会完全融合在其他香气之中。当然，这不包括那些即使过了10年，还会泛着同样香草味儿的酒。

必须好好地藏酒！

酒精使葡萄酒能够保持长期的稳定性，酒精起到的是防腐剂的作用。而酸度，则是葡萄酒的脊干，单宁的度数对于白葡萄酒是关键，而糖分则是针对甜红葡萄酒而言的。一瓶保存得很好的葡萄酒，也就是这几种成分能一直保持均衡。如果是一瓶单宁很重的葡萄酒，但是它的酸度却很低的话，那它是不可能变成好酒的。

同时，储存条件的好坏，也将直接影响陈酒的质量。在一个比较潮湿、低温持恒、无振动的酒窖里，一瓶红葡萄酒可以保存很久。可是如果正好在锅炉旁，有太阳直射，那酒很快就废了。

适合用来储藏的葡萄酒是不是更贵呢？

价格越贵的酒，不见得就一定是值得保存的酒。市场上很多价格昂贵的酒，是留不过10年的。而其他一些相对便宜的葡萄酒却是非常值得一存。当然，也很少能找到一瓶5欧元以下又特别值得储藏的葡萄酒。一般来说，如果不是价格浮动很大的产区的葡萄酒，每瓶价格在十几到二十几欧元起价的酒都可以用来储藏。适宜储藏的葡萄酒通常会稍微贵一些，因为它经历更长时间的养酒过程，这些肯定是需要更多的人力、物力和财力的，所以在价格上会比普通的酒明显高一些。

陈酒是否适合任何人饮用？

首先，得喜欢喝陈酒。现在的人越来越没有喝陈酒的习惯了，这既不是因为价格太高，也不是因为没有地方存酒，只是越来越多的消费者更偏向于喝年头较少的酒。那些能够迸发出实在的果香的新酒，更能讨喜他们的味蕾。而这种感觉会在陈酒中淡淡消逝。这种现象谈不上好坏，仅仅是一种变化而已。如何学习品尝老酒，很容易做到，但是要爱上老酒，那就是另外一回事了。

有策略地购买！

各类葡萄酒专业杂志和葡萄酒指南，每年都会刊登各自的最佳年份酒表，大家完全可以根据这个给自己定一个购买参照。这在选酒时会很重要，因为这类表格里会明确注明哪一年的雨水过多或是哪一年的太阳异常晴朗，这些都对那一年葡萄的品质有直接的影响，所以那一年的酒也会跟着受到影响。当然还有其他几个因素也会起到很大作用，其中一个就是酒农酿

酒的艺术了，比如一个从气候角度上看来是很糟的一年，但是在厉害的酒农手里还是会酿出非常好的酒来。还有就是存酒跟养酒的环境也很重要。如果你买的是已经有点年头的陈酒，那肯定无法知道它在酝酿期间都经历过怎样的储存环境，所以，这一点是购买时需要注意的。至于如何才能知道什么时候才是最佳饮用时间，对此，我只有一个建议：想喝的时候，就是最佳的时候。所谓赶晚不如赶早，与其等到喝到一瓶坏了的老酒，不如喝一瓶好的年轻酒。

在没有天然酒窖、智能酒箱时，要如何藏酒？

你住的地方没有酒窖、要不就是有一个条件不太好的酒窖；你住的公寓楼里，没有多余的地方和钱来置备藏酒柜，那怎么办？就不能购买以及储藏葡萄酒了吗？

忽上忽下，还是算了

对于葡萄酒来讲，最怕的就是储藏条件不稳定。一个好的酒窖一定不能见光，必须足够潮湿才能保证橡木酒塞的密封性能，室温需要相对凉爽（最佳温度在10~13℃），而且稳定不变。即使只能放在一个温度较高的地方，也要尽量保持恒温，一会儿5℃，一会儿35℃的忽上忽下的，可不行。还有就是葡萄酒需要在阴暗的环境中安静地"禅修"，不能震晃。

木屑，石子

在家里找一块比较凉爽、通风的地方。走廊？窗台底下？找一些木质箱架跟石子，在木屑里放上1/3的石子，然后在上面大量洒水，浇过水的石子可以在一段时间内帮助保持湿度。依次放好酒，再架上一层木屑，以此类推。要想着常在石子上面洒冷水。

自制酒窖

可以在网上买一个雪茄加湿器，它可以用来选定湿度。将其放置在橱柜里，关好柜门即可。当然，最好拿掉所有比较易损坏的东西，像衣物等，就专门来放酒好了。也可以在卖雪茄的地方买到保湿纸袋，同样方法，放进橱柜或木屑里，然后再放上石子。

当然，这些都是一些简易的做法，肯定不太适合用来长时间保存葡萄酒，但是用这些办法来放上几个月是没问题的，总比放在炉子旁要好得多，也不会占用过多冰箱里的位置。

一瓶打开后的葡萄酒可以保存多久呢？

有时候我们会只想喝一杯酒，但是却没有小包装的或是盒装的酒。遇到这种情况时，应该怎么办呢？怎样处理、保存这瓶已经打开了的酒？它的保质期是多久？

总之

• 不要不盖盖子：除非是特别特殊的情况，不然基本上会坏掉。

• 最好在冰箱内保存，不然至少是放在没有日光直射、比较凉爽的地方。

• 经常发生有剩酒的情况，那就不如购买纸盒装酒，可以更容易保存。

得看情况

有一些葡萄酒可以说是已经跟氧气足够接触过了，所以不再会被氧化。比如那些经过供氧过程的葡萄酒，像汝拉产区的黄葡萄酒或是一些强化葡萄酒，例如茶色波特酒（portos tawnies）。这类酒，开瓶后也很容易保存，冰箱内冷藏即可保存数周。

甜型白葡萄酒要比干型白葡萄酒保存的时间更久。

起泡酒则会完全没有气泡了。

总之，对于这些已经开封的葡萄酒来说，最佳置放地是冰箱，当然，得把酒瓶盖好。红葡萄酒也一样，喝之前提前拿出来一会儿就可以了，这样可以让酒温回升。

必备品

• 瓶塞：市场上有各种各样的葡萄酒瓶塞，从极其漂亮到高科技产品，应有尽有。它们多少都能起到密封瓶口的作用，可以保存一到两天。

• 真空泵：如果经常出现喝剩酒的情况，那这个工具就很有必要准备一个了。它能基本保证葡萄酒与空气隔绝，所以用它的话，保质期可以达到一周左右。

天然酒，仅仅是一种时尚说法吗？

几乎只要一谈到天然葡萄酒，必然会听到以下几个调子。与其争论，不如把它当个游戏算了：每当听到一句，就画个钩，谁先连成直线，谁就赢了！

BINGO

把它们连成直线，你就赢了！

—— 致天然酒！

挺好的，但是我不要了。	一小时之内必须得喝完它！	野兔的精液味儿。	这股风马上就会过去的，也就6个月吧。	碳酸饮料四处见，可好酒无处寻！
可怜的巴斯特。	雅痞、文艺小青年、巴黎人喝的酒。	葡萄酒，自然的，那肯定哪里有问题。	矮脚马的屁股味儿。	到底是天然酒，还是天然的酒，谁分得清？
肯定不是合法产品。	只适合那些作弊的人！	好多泡和气啊！	就是流行产品。	不是真葡萄酒，是闹着玩的酒！
我都喝了n年酒了，我……	我来喝我想喝的酒，想和谁喝就和谁喝！	那谁谁还会做无硫酸的呢。	葡萄酒无亚硫酸盐，那是不可能的。	毫无添加物的葡萄酒叫作醋！
死贵！	不会卖得出去的。	有必要做葡萄酒的衍生产品吗？	确定要留着吗？	哪里都有极端组织、恐怖分子。

如果一桌都是女性，难道只能喝桃红酒吗？

据说女人爱喝有女人味儿的葡萄酒：桃红葡萄酒、甜酒、柔蜜葡萄酒。不得不说市场营销一直在推动着这种说法，所以每年母亲节前夕都会大肆推出桃红色香槟酒等。还是一起来打破这一偏见吧。

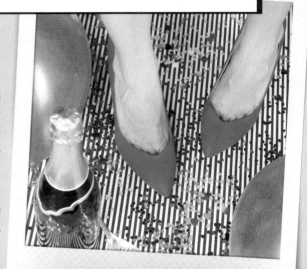

从成长过程来说

女孩儿、男孩儿，从一开始就被标榜上了不同的标签，即使是在味觉上的。通常，人们更容易递给女孩子一块水果糖或是巧克力，而男孩子，则被鼓励要多吃肉，好能长得壮。这种从食物上的区别对待，让成人后的我们都有了不同程度的在感官上的要求。男人多半不喜欢桃红葡萄酒，认为它的味道不够阳刚。而女人呢，经常不那么容易接受单宁较重、比较涩口的红葡萄酒。再加上大家都说颜色越浅的葡萄酒里的热量越少，有意无意地总是要提到发胖这件事，所以更是诱导女性消费者偏重于饮用桃红葡萄酒类。

可是

事实上，女人的味蕾跟男人的并没有什么差别。大家的味觉感受都是一样的，所不同的是各自对味道的敏感度的不同。味觉本身是个生理现象，它受每个人的饮食文化、成长环境所影响。是从什么时候开始说，女人是比男人更优秀的葡萄酒品鉴师的？实际上，这是因为女性更容易表达自己的感受，把口中的感觉用准确的词汇形容出来，这一点女性要比男性厉害得多。所以，仅仅是因为这个，就认定女人的味蕾更敏感、更细腻的话，也未免有些武断了。

葡萄酒，男人的世界？未必如此！

酒农里面有很多是女人，她们自己工作或跟丈夫一起工作。那么，这些由女人们酿造的葡萄酒就一定会是柔弱、清淡、通透的吗？有时会，但是不绝对。

盲品时，是无法猜测出酿酒人的性别的。而且很多时候，男人酿出的酒会很女性化，反之亦然。各种不同性格的酒农酿出的酒，自然风格不同。对于每位酒农来讲，他们酿制的是跟自己个性相符的酒，是自己想喝的酒。葡萄酒业里的其他行业，也有很多女性。她们是侍酒师、专业记者、工艺师、专题博主，越来越多的女性加入了这个原本属于男人的领域。而且未来，从事这个行业的男女数量上的差距会越来越小。有数据表明，目前，持有葡萄酒工艺师文凭中的女性，已经超过了半数以上。女性参与者的直线上升，也许终将会打破所谓女人味儿的偏见，或者，终于可以解开什么叫有女人味儿的葡萄酒之谜吧。

担心发胖或是减肥时，能喝葡萄酒吗？

葡萄酒里含有矿物质、多酚、酸类、单宁、水、糖、酒精。所以，当然含有热量！它会让人发胖吗？是否可以放心地喝，不用担心秤上的数字？白葡萄酒呢，是不是热量含量能少点呢？

要喝得少，并且喝得好！

好像是很意外的惊喜啊！不想发胖的话，不用完全戒酒，但是不能过量。"发胖，是由反复剩余热量的积累而引起的。所以，减重的最好方法是逐渐减少摄取的热量。"营养学家阿丽安娜•葛昂巴斯这样说。

那么，白葡萄酒是不是比红葡萄酒好一点？甜型葡萄酒真的比干型葡萄酒所含的热量高吗？

"喝什么类型，还是什么颜色的葡萄酒，还是要根据自己的喜好或专业品酒师的推荐，关键在于要看与什么菜式一起搭配。除了超甜型酒或利口酒里的热量比较高一点，其他种类的葡萄酒之间，它们的热量差别几乎可以忽略不计。当然，关于某些医生的说法，葡萄酒对身体健康有益这一点，并不是喝还是不喝哪种葡萄酒的理由！"她接着说。

喝葡萄酒，首先，而且必须是一种享受，是与他人分享快乐的时间，所以适当少量饮用葡萄酒，是能够符合均衡饮食标准的。

友情提示

• 喝酒不能急：跟吃饭一样，如果慢慢地食用，那吃得相对会少。酒也是。

• 在喝红葡萄酒前，最好先喝一大杯白水润喉。

• 最好只在节日或周末时饮用，可以控制饮量。

• 如果真的喜欢，即使每天餐时来一杯，也不是件疯狂的事。

孕妇能喝不含酒精的酒吗?

就像孕期本身还不够长、还不够艰辛似的,在这基础上还要加上那么多禁食的东西。当然,必须还得加上禁食葡萄酒,以及其他所有含酒精成分的东西。

那些无酒精的葡萄酒,是什么酒呢?

和平时大家猜想的相反,它们不是葡萄汁,而是去掉酒精的葡萄酒。要知道,即使已经去掉酒精的酒里,还是会有剩余酒精的,它的浓度小于0.5%。

去酒精的方法:

• 蒸发法:真空低温加热后,放置冷藏。这时葡萄酒会自然醒酒。所有较轻的物质,比如酒精,就会浮上来。这时只要滗清葡萄酒就可以了,当然要当心避免碰到表面浮层。

• 反渗透法:跟盐水去盐的方法一样。

除去酒精后的葡萄酒,几乎不含酒精,热量也减少了,当然,味道也会淡很多,所以会另外添加糖和香精来中和,用以保留原来酒的香气。为了能继续保持低糖这一特点,通常会使用甜菊糖。

酒精含量是一款葡萄酒的口感均衡度的重要组成部分。

好喝吗?

说真的,不好喝。除了必要的各种额外的处理工序,还有添加剂,这些都让葡萄酒失去了原来的味道。它就是一个代替品罢了。孕妇,还是等几个月再喝酒比较好。这期间,可以挑选一些真正的葡萄汁。有很多酒农都出产非常优质的葡萄汁,有些里面加入了一些二氧化碳,变成了带气的葡萄汁,尽管糖分很高,但是各种维生素的含量也是极其可观的,保证喝得开心!

为了庆祝孩子的生日，藏瓶什么酒好呢？

如果在未来庆祝孩子生日的聚会中，能打开一瓶孩子出生那一年的葡萄酒，这个主意不错……有哪些酒适合保存呢？而且多半是想和孩子一起喝，也就是说，要等到他们18岁。不用担心，可以选择的酒还是很多的。

第一种情况：0~18个月

他今年出生（加油！第一年是最难带的：以后，会更难），要不就是他还没到两岁？越早越好，当然，可这个时候要找到值得储藏的葡萄酒，还是挺麻烦的。因为，它们很可能还在养酒状态。并且，可以肯定的是，它们还没完全酿好并上市。所以，还得再等一等。当然也不是完全什么都不能做，这段时间，可以去专柜转转，尝尝，听听品酒师的建议。

第二种情况：2~5岁

孩子刚好是2~5岁，这是可以挑到孩子出生那一年产的、适合长期保存的酒的最佳时段。都有哪些途径？如果是想长期保存的，可以选择北罗纳河产区的红葡萄酒：圣约瑟夫（saint joseph）、布雷兹姆（brézème）、科罗佐-艾米塔基（crozes-hermitage）、艾米塔基（hermitage）。另外，波尔多产区、部分西南产区和鲁西莱产区也有不错的选择。

红葡萄酒，很显然，所有人都会喜欢的不是嘛！那白葡萄酒呢，就必须得喜欢变老的陈酒，这时，味道很特殊。果香不再是新鲜水果的味道，而是变得更像果脯。阿尔萨斯、勃艮第、卢瓦尔河和汝拉产区都有这类品质极佳的精酿。

另外，还可以选些年份的香槟酒，不过需要注意的是，随着年岁的增长，里面的气泡会逐渐消失。就看个人是否会在意这个现象了。

第三种情况：5岁以上

这时候，不太容易找到孩子出生那年的酒了。如果专柜已经断货了，那可以试试在网上购买。有一些专卖陈酒的网站。

专业贴示：如果购买葡萄酒的渠道不是平时常见或是一些年份较久的葡萄酒，有几项需要看清楚：

• 外表不能有漏液（如果瓶口或瓶外有流痕，那就意味着这瓶酒储存不当，多半味道也不会好的）。

• 瓶子的外观都不错，除了商标发潮：这是好现象，总归会比一个特别干净的商标要好。

• 酒瓶里的酒还是满的：如果酒位降低，那说明瓶塞细孔过大。

第四种情况：孩子出生的那年不是一个产葡萄的好年份

还是能找到办法的，即便那是一个大家都认为不好的年份。

• 甜型葡萄酒：经常会被大家忘记，可事实上，甜醇葡萄酒是非常适合长期保存的。干化酒、贵腐酒都不错。苏玳（sauternes）、甜乌弗莱（vouvray moelleux）、莱庸山麓（coteaux-du-layon）、朱朗松（juran on）、维克-比勒-帕歇汉克（pacherenc-de-vic-bilh）。

• 变异酒：班纽尔斯（banyules）、莫利（maury）、丽维萨特（rivesaltes）或是法国以外

产区的，比如波特老酒（是一种特别的有年份的波特酒，只能在酒瓶里养酒）。

· 氧化酒：比如在朗格多克、鲁西荣、西南地区、卢瓦尔河产区的黄葡萄酒，这类酒可以接受时间的考验。但，喝酒毕竟是品味道，有人永远都接受不了蜜蜡、果酱、杏仁和核桃的味道……也有人却很喜欢它们。所以，在储藏这类酒的时候，可以先尝尝。

选择信任他人

选酒的时候，当然可以参照各种年份指南，但是，如果认识一个很好的专业品酒师的话，是完全可以信任他推荐的酒的，他肯定喝过，也更懂他所卖的酒，他应该比你自己更清楚你需要哪种味道、哪种类型的酒。

最后一点

我一般都会建议大家同时买两瓶酒，以防万一。如果在预算内，尽量选择超大容量款（是普通酒瓶容量的2倍），葡萄酒的空间越大，越适合变老。然后不要忘记，回家以后，这些酒要在一个凉爽、恒温、潮湿、不会发生震荡的地方躺着放好。

当我们谈起红酒，我们在说些什么？

"波尔多无聊""勃艮第好酸"—— 那些年我们听过的谣言!

  这些内容,也许是从某个叔叔、伯伯或朋友那里听来的,不然就是某个自认为特别懂酒的人说的:这种说法毫无根据就一口否定某个产区的葡萄酒。事实上,这些理论,大部分都是错的。

阿尔萨斯,头晕迷糊!

这种奇怪的说法估计是因为那里的白葡萄酒产量比较大吧。白葡萄酒会比红葡萄酒更容易引起头痛。难道是亚硫酸盐所致?可事实上,亚硫酸盐的用量极小,也有一些酒农早就放弃了使用它。还有一种说法是说阿尔萨斯地区的酒都特别甜,如果以前的确比较流行甜型酒,但是现在干型葡萄酒已经回归。希望酒农最好把含糖量都注明在商标上,至少这样可以减少些误会。

波尔多,老掉渣儿

多年以来,波尔多产区一直给人一个双面印象。一边,是它那些非常著名的精品佳酿产地;而另一边呢,则是大量生产并充斥市场,却借着地名的光,可实际上真不咋地的葡萄酒。尽管,这中间还有另一种状况,那就是部分酒农开始重新审视自己的地域风格,采用一些被遗忘了的葡萄品种,并同时保留了传统的酿酒方法。要知道,在波尔多,那些特级酒庄和它们的特级价格,只是波尔多酒产量里的极小一部分。那里，还有很多更让人惊喜、更具现代感的葡萄酒，是非常值得大家享用的。

卢瓦尔河，有股尿味儿！

所有用长相思葡萄品种酿制的白葡萄酒都会有猫尿味儿——当然，比较客气的说法是"黑醋栗的芽"味儿，总之，不能一概而论！所以，有必要从化学角度来看看这些都是什么，这个品种的葡萄里含有一种比较特殊的物质——硫醇。它在葡萄还是完整的时候，是没有任何味道的。可是，当发酵开始，尤其在酿酒酵母的作用下，它就会发出这种气味。而且，它的气味反应，跟是哪种类型的酵母搭配在一起很有关系，这种现象叫作"可转换型香气"。也就是说，根据酿酒工艺的不同，酒农的水平不同，是完全可以做到没有这种味道的，换言之，活人是不会被尿憋死的！

至于红色霞丽珠里的甜辣椒味儿，也是一种分子搞的怪：吡嗪。在很多种霞丽珠葡萄里都会有，尤其在未熟透时，味道相当冲鼻。所以，也不是不能避开的。

西南地区，太土了

这个地区的红葡萄酒给人的印象是特别粗犷，单宁极重。这种看法大概就是因为这两个字"black wine（黑酒）"。在1152年，自从阿基坦女公爵埃莉诺远嫁，英国人才见识了这种酒。他们被这种颜色深似墨汁、极其浓郁的葡萄酒震惊了，因为之前他们所认识的葡萄酒都是一些比较浅淡的，所以就起了个"黑葡萄酒"这样的名字。这种叫法一直被流传下来，可是，法国西南地区的酒并非都是这样的，它的

品种非常多样化，从多层次的干型到甜型白葡萄酒；有个性明显的，也有非常柔和、容易入口的红葡萄酒，真是众生百态，什么样的酒都有。这一带产区里还有一个特别的地方：很多酿酒葡萄品种在这里的种植面积并不大，却有一些不常见的品种，只有在这里才能看到：莫扎克（mauzac）、兰德乐（len de l'el）、费尔莎伐多（fer servadou）、翁丹克（ondenc）、内格海特（négrette），应有尽有。

各地的葡萄酒，好像全都被黑过

汝拉的酒像蜂蜡，萨瓦的酒最多只能用来蘸土豆饼，摩泽尔的酒会在胃里"打洞"，朗格多克的酒除了度数高以外啥味儿也没有，勃艮第的酒不是贵死，就是酸死……一句话，每个产酒区都被黑过，尽管如此，只要真的品尝过，你会发现那些都是胡说八道。

小结一下

不要轻信任何传言，无论是从产区、称谓、葡萄品种上，还是其他什么。即使喝过一次不好的酒，也没必要一概否定，很可能就是这一瓶酒做得不好。你也许一直都不喜欢佳美葡萄酿出的酒，直到有一天碰到一款让你觉得它异常美好。从来不爱麝香葡萄品种，万一哪天遇到一种特别棒的呢。总之，放开胸怀，常言道，只有傻瓜才不会改变主意。

群书圣旨、网文博客、攻略指南：到底听谁的好？

除了制酒的酒农以外，还有谁掌握着有关葡萄酒的话语权？这是一个专家的世界：职业鉴酒师、记者、博主，有时同时兼任几个角色。他们的意见是否永远都是对的？是不是只能听他们的？

让自己的阅读变得多样化！

大家常说，如果想要拥有完美均衡的饮食结构，那每天得吃五种不同的新鲜水果和蔬菜。关于葡萄酒，也是这样。如果真的想获得一些有价值的信息，那必须得从多方面入手。这样才能看懂那些品鉴评分标准，了解天然葡萄酒，知道波尔多的名酒庄里都发生过什么，从而才能客观地看待问题。安同尼•娄米•阿密纳戴基，酒业记者、作家，曾经说过"葡萄酒，就是一种味道，一种偏好，而所有葡萄酒专家（或促销商），都是对他们自己喜好的味道的专家。我们有那么多种不同风格、形态各异的葡萄酒，而且多数时候，它们可以说是从根本上不同的酒，甚至是对立的酒，如果盲目地听从某个专家的意见，那肯定完了。当自己举起一杯酒，靠近鼻子并喝上一口时，没有谁会比我们自己更专业了。可是仅把自己的看法用在点评上，就已经足够主观了。总之，遇到专家时，不要犹豫与其探讨，当然，他们的看法会看上去更加有依据、自信，但并非神圣不可侵犯。

参考专业、尖端的杂志？

这类杂志的团队由专业记者、各种名校名师、专业葡萄酒工艺师或侍酒师组成。他们的年龄、经历各不相同。他们中间有些人是职业品酒师，有些人更专注于了解各地酒农，还有一些人对葡萄品种的种植、地理环境更有研究。他们一起组成了一个广泛意义上的法国葡萄酒业，甚至是世界葡萄酒业。他们能很准确地描述每种香气、每种酒态，知道这杯里的葡萄酒

会如何演变。这些知识，让普通人看起来都是非常可信的。

博客：看专业的，还是其他的？

在葡萄酒方面，不存在哪种媒体平台比另外一种更专业的说法。传统纸媒未见得一定比网上的内容好。有些博客里的内容技术性非常强，还有些内容文采飞扬，即使有时候这些文章的作者并非理论上的专业人士，这都不是否定对方的理由。相反，这些非专业人士的看法更加独立，没有推销产品的隐患，所以，他们的推荐格外值得珍惜。

各种社交网络平台（twitter、facebook、instagram）可以让任何人发表自己对某款酒、酒

洋相百出！

从来就不缺少关于酒的段子，它们常常被画成了讽刺漫画，还有类似"酒鬼的地盘""法国肥酒"等滑稽网站。无论哪种渠道，无论大小、品酒或制酒，关于酒的调侃与笑话应有尽有。这种非严谨性内容，是在平时中规中矩的葡萄酒业内的一股清流。

农的看法。当然，一旦出现否定意见时，跟风现象在所难免。

在这些博客里，除了能看到对某款葡萄酒的品鉴，更多的是那些要比杂志报刊里面的评论更直白、更诚恳的内容，这也是博客的力量所在。

酒农们的博客是另外一类内容，多数时候里面涉及的都是他们的产品、他们的工作，不过有时会发表他们对酒的感受，这也是最值得一看的地方。

图书、漫画，多多益善！

无论是教学性质的，像教科书似的，还是趣味性的，有太多跟葡萄酒有关的图书了。有的比较离谱，有的比较故事化或是类似专栏节目，大家可以多去书店逛逛，请教店员。漫画书也有很多以葡萄酒为主题，目的都是为了让大家能更好地理解葡萄酒的世界，里面很少会有品酒这一类内容，不过，却有很多关于葡萄酒的历史。

关于葡萄酒，可以教孩子些什么？

葡萄酒不单单就是一种由水、糖、酒精组合在一起的混合物，它同时也是历史、地理、艺术、文学和政治。除此之外，它还是人与人之间沟通的重要手段之一。所以，关于葡萄酒的知识，完全可以从小学起。

从小熏陶

这可以追溯到我们记忆中的每次家庭聚会时，大家都会在手指上蘸点爷爷的酒，喂给小宝宝尝尝。如果有运气遇到这样懂酒又爱酒，尤其是非常愿意把这一喜好传递给下一代的父母，这是跟葡萄酒亲密接触的最简单、最直接的办法。当然，传授的不光是葡萄酒的味道，小孩子的味蕾是不会对酒的味道感兴趣的，而是所有跟葡萄酒有关的知识。比如它的制造方法，白色的果汁是如何变成了红色的酒，利口酒的烂葡萄是怎么一回事等，越小的孩子，越容易用触摸来学会知识，带他们去摸一摸葡萄籽，不同品种的葡萄树，抓上一把葡萄园里的土和石子，这些都能让孩子早早地就有些基本概念。

几岁开始呢？

绝对不可以让小孩喝酒，这是肯定的。各地的酒农会组织一些品尝不同葡萄汁的活动，适合6岁以上的小朋友。总体而言，正确地引导孩子，是让他们知道大家一起饮用葡萄酒是一件很开心的事。等他长大，他也会用同样的态度来对待品酒。注意，千万不能强制要求他学习，用做游戏的方式教他认识各种香料、水果等，是理解如何品鉴葡萄酒的好方法。

更大一点的孩子呢？

把生物学和化学联系到葡萄酒上的话，会生动形象得多。这包括了一棵葡萄树的生命循环、酵母的反应、酿酒的技术程序等。这些现实生活中的东西往往最能激发孩子的好奇心和学习的欲望。至于有关葡萄栽培的历史，也是一个特别的主题。这期间，不妨添加一些品尝的内容，当然，可以要求（或不要求）他们马上吐掉。

成人呢，是不是太迟了？

学习，从来不会太迟！

重要的是要永远拥有开放的思想，一颗好奇的心，而且要记住一点，学得越多，知道得越少！只有学习的欲望才能给学到的东西带来快乐。葡萄酒的世界一直在不停地演变，各种称谓在不断变化，酿酒技术越来越精良，永远都有新的发现，一些原以为消失了的葡萄品种又重新出现……最好的学习方法是实践，即使实践中必须得掌握一定的基础专业知识。好在，现在很容易找到各种资源，完全可以做到轻松愉快地学习这门葡萄酒专业课程。

要学会吐酒

如果仔细观察成人第一次参加品酒时，就会发现很多都不那么自在，尤其是当需要吐酒的时候，都怕做得不好看，变得很可笑，还会吐到别的地方……吐酒，也跟其他事情一样，需要练习，如果不太自信自己能做得好的话，那就在家里对着水池多练练。练熟了以后，肯定就不会在别人面前吐酒时感到那么尴尬了。

是不是找个伴儿一起学更好呢？

最好当然是有一个伴儿，朋友或是家人，如果对方已经有些这方面的知识，还可以帮助自己入门。如果没有，那就大家一起都从头开始学好了。两三人一起或是更多人组团做些挑战，一起品尝，甚至盲品。一起去葡萄园或同时注册一品酒俱乐部。谁能说葡萄酒文化不是一种俱乐部集体文化呢！只要记得，这种时候，不要害怕，一定要坚持表达自己的看法，这样不仅不会被他人影响，相反，还能提高所有人的水平。很多时候，很遗憾大家都不敢说出自己真实的想法，要知道，既然是自己的想法，那它就一定是准确的，有理由表达出来。

结论：
举杯畅饮

Conclusion :

Haut les Verres !

　　我也许可以就这样结束了，对不对？不过不行，法国艾文法、国家公共卫生部，都要求我必须控制我的说法，必须得跟大家强调尽量减少饮酒，葡萄酒在饭桌上占太多地方啦！

了解或品尝葡萄酒，我唯一的建议是保持一颗好奇心

119

无论是订阅葡萄酒专业杂志，还是去图书馆寻找资料或是上网学习，这些都能帮助自己学到关于葡萄酒的种种知识。但是，最好的办法还是跟它接触，去认识酒农，听取专业人士的分享，跟爱酒的朋友探讨等，换句话说，没有什么比跟朋友们一起分享一瓶好酒更好的学校了。

不妨实地走一趟

百闻不如一见，了解葡萄酒的最好途径还是亲自去葡萄园里体验一次。跟酒农聊聊天，一起到葡萄地里走一走，去酒窖里转一转。大胆地吐一次酒，不过当然是吐到水桶里哦 —— 我敢保证你们一定会满载而归，不仅车子里装满了酒，脑海里也会充满快乐的回忆。

要知道，如果没有这些酒农的日夜劳作，没有他们成年累月的坚守，日复一日地重复着这种一旦出现任何意外都得从头来过的工作的话，那是不可能酿制出好酒来的。另外，那些来帮工的保加利亚人都很友好。遇到霜冻时，他们会跟你一起因为担心而害怕，一起大哭。你知道吗，以后再拿起酒杯时，你一定会想起他们的。还有葡萄园里的那些年轻人，也许你会教训那个想中途放弃的小伙子，也许你会跟着他们去看看那行已经太老了、就要被挖掉的葡萄树，然后再一起种上一棵濒临绝种的葡萄树。

不要有负面情绪

你不喜欢甜白葡萄酒？只喜欢桃红葡萄酒？怎么也喝不进氧化酒？那又能怎么样！

这些都没关系，无论如何，酒都是喝进你自己肚子里的，当然要自己喜欢才好。你喜欢的味道未必跟别人的一样，不符合标准就不符合标准吧！谁说标准是一成不变的呢？我自己第一次尝到氧化酒的时候，是跟着一位侍酒师喝的，他当时特别骄傲地给我拿出来一瓶卢瓦尔河产区的酒，但是，我觉得我是在被强迫咽下了一口液体蜂蜡！然而这并不妨碍在多年以后，我的味觉变了，现在我倒是非常喜欢这种酒了。所以，没有什么是绝对的。

香气、颜色家族总汇

以下是几种常用专业术语，可以让大家在选酒时有个参照，同时也能帮助大家掌握怎样表达和描述香气和颜色。

香气家族

最常见的有四类：

• 花香：牡丹、山楂花、茉莉花、玫瑰。基本上所有比较常见的花香或热带花卉都可以归为这几类。

• 草香：苔藓、草坪、麦垛、蘑菇、黄杨。此类香气，因酒而异，更因需制宜，适则极佳，反之亦然。

• 果香：樱桃、草莓、覆盆子、桃子、李子、黑醋栗、杜果、菠萝、荔枝、橙类。这应该是所有香气中最好辨别的一个类型，因为大家对它们的气味都很熟悉。

• 香料：胡椒、香草、桂皮、丁香。这些都是辛热的气味，多少会主导其他味道。

另外还有：

• 香脂：树脂，比如希腊传统松香味酒；热茜娜（retsina）；松脂等。

• 动物：肉、野味、毛、皮。根据它们的浓稠度来判断是否是好的味道。

• 焦臭：煳、烟、烤、烟草……

• 奶脂：黄油、酸奶。

有时还会出现指甲油、胶水、树胶的味道，一般来说，这意味着这瓶酒已经被污染、受损了。也可能会有天竺葵、胡萝卜的味儿，这些也不是好酒应该有的味道。

椴树黄色　　淡黄色　　麦色　　金麦色

金黄色　　橘黄色　　琥珀色　　深琥珀色

野蔷薇色　　洋葱粉色　　三文鱼色　　樱桃红色

紫红色　　石榴石色　　深石榴石色　　砖红色

当我们谈起红酒，我们在说些什么？

品酒，玩味儿！

  葡萄酒的知识领域是一个很严肃认真的领域，但是也是最不能把它当回事的领域。如果要想在品酒时能够越来越准确，同时也能好好享受这个品酒的过程的话，可以做一些简单的测试！

手工制作

- 若干个火柴盒；
- 各种香料、干花、香烟、茶叶、咖啡；
- 可以把棉球蘸取少量橘子或薰衣草的精油。

分别在火柴盒里装进不同的香源。在每个火柴盒上扎个小孔，标写序号。每个测试者在一张白纸上分别写出他闻到的味道跟盒子的序号即可。然后看看谁的鼻子最灵敏。

盲品

蒙住眼睛后，分别尝出苹果、梨、橘柠、菠萝，这并非想象中的那么容易，试试就知道了：在看不到实物的时候，就尝出它的味道。这个测试可以一点一点增加难度，比如用各种奶酪来测。

光尝，不喝

- 4瓶水
- 糖、盐、白醋、汽水

分别在四个写好序号的瓶内装入已经用水稀释好的以上四种物质。需要提前试一下，看看得用多少水才能感觉得到味道，既不能过多，也不能太少。然后每个人开始记下自己尝到的味道。跟别人对比自己的味蕾是一件很值得做的事，人们对苦和酸的反应差别相当大。

品酒袜

在专卖店里是能买到盲品时用到的真正的品酒袜的，不过一只普通的袜子也完全能够胜任，只要把脚趾的地方剪掉就是了。然后套在每瓶需要品尝的酒瓶外，遮住所有的商标，只有做准备工作的人知道都有哪些酒。当然，猜酒的过程中，他也可以一点点给出提示。只要记得给测试者充分的时间就好，毕竟只是个大家一起玩的游戏。

黑酒杯

现在很容易能买到完全黑色而且不透明的酒杯，各种规格的都有。这种杯子可以用来做更难的测试：比如同时在两只杯子里，分别倒入相同温度的桃红葡萄酒和白葡萄酒。然后问大家，哪杯是白葡萄酒？这不是特别容易的一件事，所以才很好玩，要是两个杯子里放的都是桃红葡萄酒呢？

对比

　　每个测试者都带一瓶同一酿酒葡萄品种所制的葡萄酒。比如：黑比诺，大家可能喝到勃艮第产区的各个酒庄，但是也有可能是来自阿尔萨斯产区的酒或者是澳大利亚、朗格多克、新西兰、美国的酒……像是进行了一趟有意义的旅行。类似主题品酒，还可以是"高山酒""罕见葡萄品种酒"等。

配对

　　在同一个盘子上，放上少许多种不同的食材（食材之间的区别越大越好玩）。比如：巧克力、面条、奶酪、熏鱼、芦笋、橄榄。事先还要另准备几样不同类型的酒（比如：干白＋甜白＋桃红＋清淡红葡萄酒＋单宁较重的红葡萄酒）

　　然后开始配对，每个测试者把自己认为的最佳组合放在一起：你会发现，人和人之间的口味会有多么大的不同！

走出家门！

　　葡萄酒吧是一个很好的去处，是一个价格相对合理、可以尝到很多种葡萄酒（除了那些比较特殊的酒以外）的地方，是一个能尝到新酒、会有人给自己介绍酒，并且能度过一个愉快的夜晚的地方。配上一盘奶酪或小吃，安静又放松。这怎么也比随便在哪家咖啡馆里灌上半升干啤、嚼几粒半生且不脆的花生米要舒服得多。

送给爱酒的人，礼品的艺术

除了酒具和书，还有哪些东西可以送给自己那个对葡萄酒发烧的朋友呢？以下有几种推荐，也许能够让你挑到一款最适合他们的礼物，一旦送到他们的手中，就像开启了一个节日。

一本藏酒日记！

好吧，这还是一本书。不过这是一本将由对方自己填写的书。如果他已经有了一个酒窖或是正想建一个的话，这是一个很有用的物件。这本日记可以详细记录每款酒的出、入，还可以记录下来每次品尝的感受，能够准确地知道自己酒架上都有些什么。这本日记依旧是纸质版的，但却是非常精致、品质极佳的经典产品。市面上还有一些管理酒窖的软件，如果对方是一个不那么会整理书架的人，电子版日记也是不错的选择。

艺术天地

有很多艺术家以葡萄酒为主题创作。绘画、雕塑，各种选择应有尽有。有一些人直接就地取材，使用酿酒用品，如橡木片，在整个酒桶上作画或改造成家具等。这些艺术品展通常会在酒庄内举办，让葡萄酒与艺术得以完美地结合。所以，不妨在一边参观酒窖时，一边欣赏并选购这类作品。

送给园艺能手

如果对方是种花能手，干吗不送他一株或两株不同的酿酒葡萄树呢？两株的话，可以对比一下不同季节的生长情况。如果对方特别喜欢黑比诺或霞多丽，那岂不正好？这些葡萄是完全可以盆栽的，也并不需要很大的地方，阳台的一角，多光照即可。

实在不行，还可以资助某个酒农的某一种葡萄，这些钱，可以帮助用来改进葡萄园。资助形式有很多种，可以单单针对一株葡萄树，也可以针对很多株，根据各家不同的做法，每年你会收到一瓶或多瓶葡萄酒。

带着嗅觉去旅行！

安排一天实地品酒日或几天的行程。这种集参观、品酒及住宿为一体的旅游项目几乎世界各地都有，选择很多，项目安排也很多样，可以根据自己的需求和预算来选择。

奥斯卡奖获奖感言—— 因为我不会有这种机会，所以就在这里说了

写一本书，说真的，是一次很大的冒险，如果没有朋友们的建议与支持，是不会有这本书的。

这是写给米拉和雨果的书，他们一直在容忍我，也在支持我，谢谢你们。

这也是写给陆航的书，那个非常聪明，聪明到没有给我提出过任何建议的人。

衷心感谢出版社的全体成员。如果这是一本很漂亮的书，那全是因为有了他们的工作：瑟薇琳编辑，克莱尔排版，彦那美术，玛荷古校对。

谢谢你们，我的博客读者，你们为我做了很多，是你们的评论，让我今天能变得更好。

谢谢弗昂斯瓦，活着的勃艮第先生，我不会忘记你的盛情款待。

非常感谢克里斯多夫，这位酵母大侠；谢谢岱维，他的超级炖菜和他非同寻常的耐心。谢谢安同尼和阿利安娜两位专家的支持。谢谢朱利安，那位高水平的读者。谢谢尕爱拉-玛丽，你的计划策略给了我很大的帮助。谢谢娜特妈妈、忍龟者朱利安，老板铁利和朱莉雅，尽管你什么也没做，但是你长得好看啊。

谢谢所有从事葡萄酒业的朋友们，从某种意义上说，是你们让我继续能对自己提出问题，让我大笑，让我怀疑，鼓励我。

最后，更加由衷地感谢所有来自各个产区的酒农们，你们热情、严谨、创新，是你们送给了大家每一瓶装满梦想的葡萄酒，谢谢你们一直都在。

《可爱的饼干》定价：28.00元

图书推荐

面包机的诱惑2 百变吐司

面包机 的 诱惑 2
百变吐司
辣妈 (Shania) 著

百变 生活由此开启！ 亲子时光 惊喜 不断！
面包机开创 美味 人生！
多种烘焙法制成新口感，温馨提示的各种小技巧令你轻松成功！

辽宁科学技术出版社

《面包机的诱惑2：百变吐司》定价：39.80元